百山祖国家公园科普读物 I

百山祖国家公园寻访篇

适合 3~6 年级

周秋梅　彭　辉　主编

中国农业科学技术出版社

图书在版编目（CIP）数据

百山祖国家公园科普读物 . 1，百山祖国家公园寻访篇 / 周秋梅，彭辉主编 . -- 北京：中国农业科学技术出版社，2024.1
ISBN 978-7-5116-6559-1

Ⅰ . ①百… Ⅱ . ①周… ②彭… Ⅲ . ①国家公园－丽水－青少年读物 Ⅳ . ① S759.992.553-49

中国国家版本馆 CIP 数据核字 (2023) 第 233514 号

责任编辑	张志花
责任校对	王彦
责任印制	姜义伟　王思文
美术编辑	连仪

出 版 者	中国农业科学技术出版社
	北京市中关村南大街 12 号　　邮编：100081
电　　话	（010）82106636（编辑室）　（010）82106624（发行部）
	（010）82109709（读者服务部）
网　　址	https://castp.caas.cn
经 销 者	各地新华书店
印 刷 者	北京科信印刷有限公司
开　　本	185 mm × 260 mm　1/16
印　　张	5.5
字　　数	125 千字
版　　次	2024 年 1 月第 1 版　2024 年 1 月第 1 次印刷
定　　价	88.00 元（共 2 册）

◀版权所有·侵权必究▶

《百山祖国家公园寻访篇》

编委会

百山祖国家公园龙泉保护中心

总 顾 问：李先顶　刘福明　曾国健

顾　　问：叶志鹏　王少燕　王　辉

丛 书 主 编：季茂旺　叶兰华　季新良　沈庆华

丛书副主编：郑爱芬　叶立新　余　英　许年财
　　　　　　叶　俊　周志发

本 册 主 编：周秋梅　彭　辉

本册副主编：余盛武　马　毅　刘胜龙　叶　飞

本 册 编 委：叶羽聪　徐俊贞　毛映宁　柳春霞
（排名不分先后）李盛杰　楼爱君　陈雅妮　骆珍莎
　　　　　　季慧杰　周寒棣　王　丹　李美琴
　　　　　　刘荣越　吕小红

序言 》》 PREFACE

在中国生态名城丽水市南部，龙泉、庆元、景宁三县（市）交界地区，有一方不可多得的生态文化高地——百山祖国家公园。她犹如一幅高远、深远、平远的中国山水写意大画卷，以其丰富美好的自然景观、生物资源、社会人文，吸引着越来越多的人亲近她、学习她、感受她、探索她、赞美她。

生活在百山祖国家公园一带的山区人民，长期亲近自然、利用自然、保护自然，用智慧创造并传扬着特色鲜明、影响深远的青瓷文化、宝剑文化、香菇文化、廊桥文化和畲族文化。

认识自然、亲近自然、探索自然、热爱自然，是生活在地球上的人类共同的心愿。百山祖国家公园系列丛书作为科普读物，拉近了自然科学与读者之间的距离。它以亲近可感的图文资料，生动地向读者诠释了百山祖国家公园"在哪里、有什么、怎么样"一系列问题，从深度和广度上为读者探索自然之境提供了依据，有利于激发读者对自然科学的好奇心，培养其科学精神。

百山祖国家公园系列丛书，立足百山祖国家公园的特色（稀缺）文化阵地，全面贯彻"绿水青山就是金山银山"的指导思想，承载"国家公园就是尊重自然"的精神内核。丛书分《百山祖国家公园寻访篇》《百山祖国家公园探秘篇》两册，编者们从少年儿童的阅读心理特点出发，对图书结构进行了精心设计，按"自然景观、社会人情、传统习俗、风味文化"4个序列向读者展示了丰富的自然知识和当地人的生活趣味，引领读者以亲近自然的视野领略当地景、味、习、文、人的原生态之美，同时也以推广融合的视野吸引更多的读者探索百山祖国家公园的自然之美与社情之趣。

百山祖国家公园系列丛书的编写工作在百山祖国家公园、龙泉市实验小学教育集团领导的悉心指导和严格要求下完成，从选题、设计到具体编排和实施，无不凝聚着编者们的心血和汗水。为了保证图书的编写质量，特邀专业的科研作家担任指导，并经多次审校、修改，确保内容的科学性和可读性。

"不积跬步，无以至千里"，本书能够顺利完成编写工作，要感谢各位参与编写者的认真负责，他们将各类图片和理论文字资料有机整合，深入浅出，寓教于乐，生动展示了百山祖国家公园的非凡"颜值"。感谢所有为本书编写提供素材来源的工作人员，正是有了大家的悉心帮助和支持，才使书籍内容做到了既专业又丰富有趣。再次向所有对丛书编写给予支持、指导的各部门领导和工作人员表示深深的感谢和最崇高的敬意！

以文为友，以图作伴，本书的全体编者以真实生动的视角向全体读者发出邀请："百山祖国家公园集景色美、文化美、人情美于一身，欢迎大家到百山祖国家公园一探美境，寻访快乐！"

大家好！我叫山山，是百山祖国家公园的小导游，很高兴认识大家！

大家好！我是小导游水水，接下来就由我和山山带大家去百山祖国家公园游山玩水，闯关拿奖章吧！

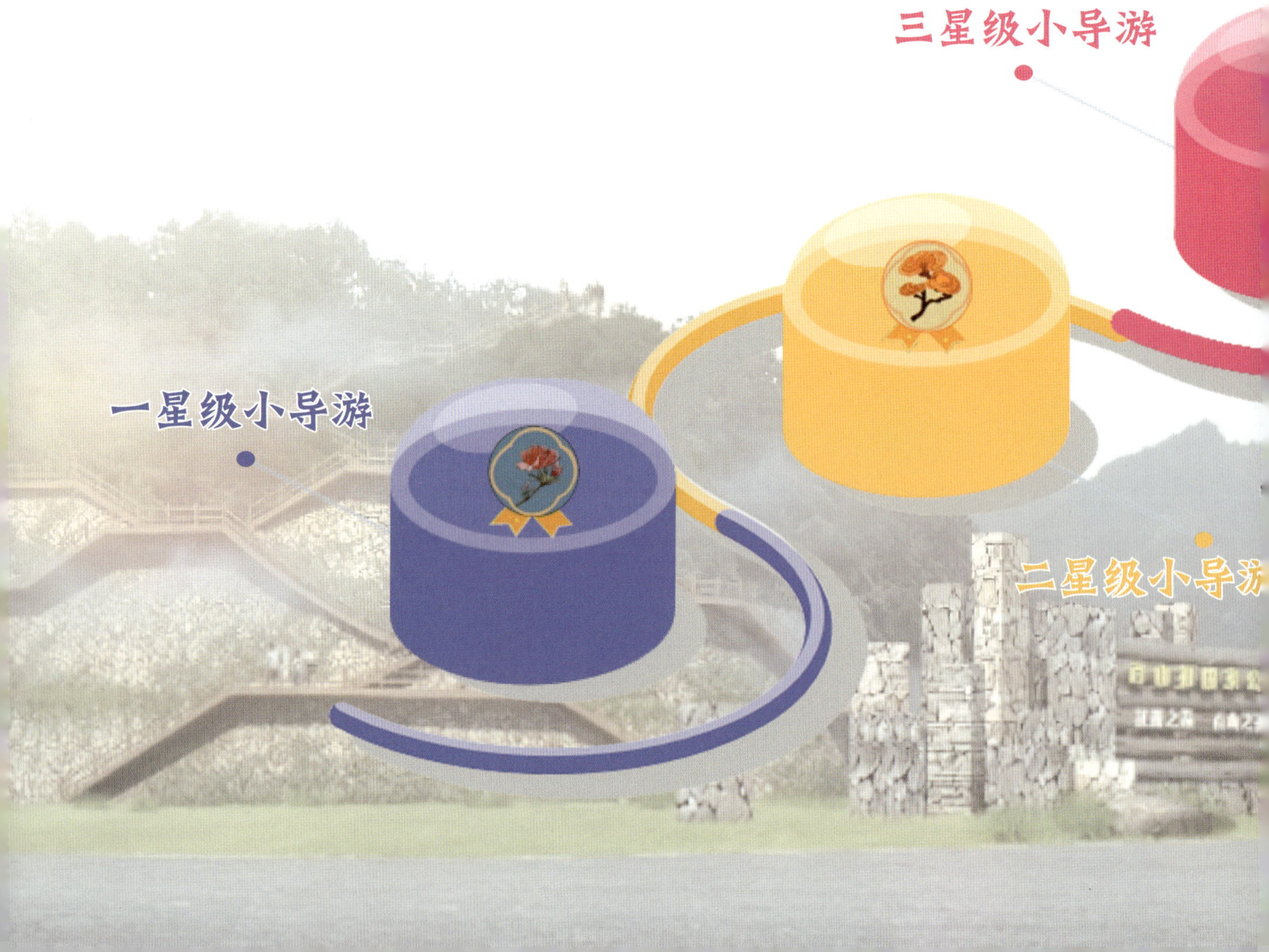

一星级小导游

二星级小导游

三星级小导游

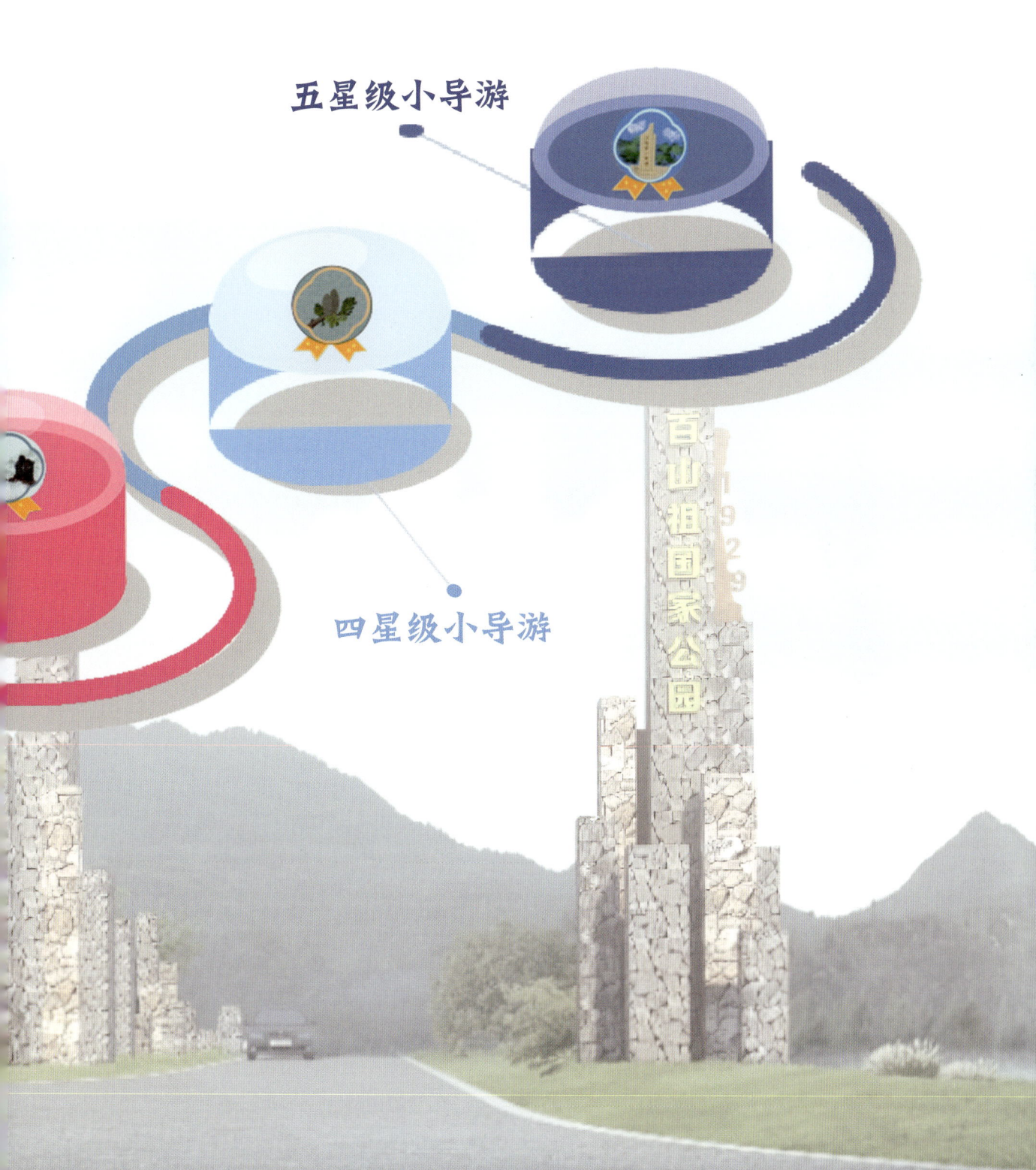

CONTENTS

第一单元　赏山水画卷
第1课　走进百山祖国家公园 /02
第2课　山之秀 /06
第3课　水之澈 /09
第4课　四季之美 /12
综合实践活动 /17

第二单元　绘文旅之美
第5课　走廊桥古道 /20
第6课　寻传统村落 /24
第7课　扬红色文化 /29
第8课　识乡土特产 /33
综合实践活动 /37

第三单元　承农俗文化
第9课　认识传统农具 /40
第10课　游赏香菇庙会 /44
第11课　走进菇民防身术 /48
第12课　聆听树的故事 /51
综合实践活动 /55

第四单元　品舌尖美味
第13课　寻找点心故事 /58
第14课　探秘野菜日志 /62
第15课　品尝菜肴风味 /67
第16课　寻觅菇中世界 /71
综合实践活动 /75

第一单元　赏山水画卷

▲潘劲草 摄

　　时任浙江省委书记习近平同志到凤阳山考察调研时指出"国家公园就是尊重自然",他由衷赞叹"凤阳山是代表浙江的山,真是一幅山水大画卷。中国山水画讲究高远、深远、平远,在这里我都看到了。浙江有这么好的山,这么好的水,我们要把树种好,把生态保护好"。

——2005 年 8 月 11 日

星级小导游

获章要求

1. 初步了解百山祖国家公园的概况。
2. 设计游览百山祖国家公园的路线图。
3. 写赞美百山祖国家公园四季美景的小文章。
4. 了解百山祖国家公园里的一种植物,以名片的形式在小组展示。

 百山祖国家公园寻访篇

第1课　走进百山祖国家公园

小导游启航站

走千山跨万水，只为寻找传说中的龙泉。让我们一起走进百山祖国家公园吧。

小导游知识屋

百山祖国家公园在哪儿呢？

百山祖国家公园位于丽水市南部，瓯江源头，龙泉、庆元、景宁三县（市）交界地区。

第一单元　赏山水画卷

百山祖国家公园园区面积499.45平方千米，位于浙闽交界武夷山系余脉洞宫山脉，东至景宁县沙湾镇何处村金昌岙、西至庆元县庆元林场大洋林区大湖、南至庆元县安南乡山头洋村五里根、北至龙泉市兰巨乡大赛村寺犇岩，地理范围为东经118°57′48″～119°22′09″、北纬27°32′25″～27°58′28″。

 让我们一起扫码看视频，来了解一下百山祖国家公园吧！

扫码阅读
了解百山祖国家公园

>> 百山祖国家公园寻访篇

说一说

小导游们,看了视频,你们对百山祖国家公园有哪些了解呢?

▲郑李元 摄

▲张路明 摄

▲叶光华 摄

▲曦恒 摄

这里是中亚热带常绿阔叶林生态系统的典型代表,是生物多样性异常丰富、珍稀濒危物种集聚度极高的区域。据不完全统计,截至2021年,已经发现维管束植物2102种,其中国家重点保护植物34种;野生脊椎动物416种,国家重点保护动物48种;大型真菌632种。

第一单元 赏山水画卷

小导游训练营

百山祖国家公园景色优美，物种丰富，你们知道有哪些物种呢？我们来说说吧。

约上朋友去百山祖国家公园游玩，我们先来画一画游览路线图吧。

小导游点赞栏

走进百山祖国家公园	看一段视频说收获		设计游览路线图	
	家长评价	小组评价	家长评价	小组评价
我获得的 ★	☆☆☆	☆☆☆	☆☆☆	☆☆☆

百山祖国家公园寻访篇

第2课　山之秀

小导游启航站

▲刘康弟 摄

天下奇山，凤阳称绝！

小导游知识屋

黄茅尖

黄茅尖，海拔1929米，为江浙第一高峰。这里是观云海、看日出、赏佛光的最佳景点。登临其巅，顿有"会当凌绝顶，一览众山小"的豪迈气概。登上黄茅尖就看到碑上"江浙第一高峰"6个字，这是著名书法家姜东舒先生1987年游览到此处所题写。在峰顶，我们可以真切体会"不畏浮云遮望眼，自缘身在最高层"的意境。

▲黄茅尖

第一单元 赏山水画卷

凤阳尖

凤阳尖，海拔1848米。凤阳山顶，高耸如台，山体气势雄伟，挺拔俊秀。其景致"高、凉、险、幽"。山峰南坡绝壁陡险，岩石裸露，俗称"仙岩"，北坡则较平缓。顶峰奇松盘曲似盆景，野花斑斓美如画。

扫码看视频
凤阳尖

绝壁奇松

▲邵戌汛 摄

绝壁奇松，海拔1500米，由群松迎宾、绝壁云梯、母子松、观佛台、长寿崖等景点组成。这里绝壁千仞，耸立苍穹；苍松万棵，缘壁而生。在绝壁之上修建了1000多米长的栈道，可以观赏龙泉山云雾景观，领略雪松、黄山松的松姿百态。

山山，绝壁奇松真是又惊又险！

扫码读诗歌
《绝壁奇松》

是啊，一株株松树缘壁而立，坚韧不拔，象征着龙泉人民百折不挠的进取精神！

>> 百山祖国家公园寻访篇

小导游训练营

松树,常绿乔木,有少数为灌木。树皮多为鳞片状,叶针形,果球形,种子叫松子,可以吃。木材和树脂用途很广。

松树在全世界有100多种,全是阳性速生树种,除幼苗期间需要些庇荫外,在生长期都喜欢光照和肥沃湿润的土壤。浙江省原有的乡土品种有华山松、油松、白皮松、马尾松、巴山松和杜松;从国内外引进的品种有华北落叶松、雪松、云南松、樟子松、湿地松、火炬松等。这些树种的生物特性各不相同,有的喜欢温暖湿润性气候,有的喜欢温和冷凉的气候,有的耐寒抗旱,有的不耐寒怕干旱。

山山,看了有关松树的资料,我真是长见识了!

百山祖国家公园里还有非常丰富的植物资源。我们本次小组实践活动的任务就是了解凤阳山景区中的一种植物,以名片的形式在小组展示!

小导游点赞栏

山之秀	搜集一则资料		制作一张植物名片并与同学分享	
我获得的 ★	家长评价	小组评价	家长评价	小组评价
	☆☆☆	☆☆☆	☆☆☆	☆☆☆

第一单元 赏山水画卷

第3课　水之澈

小导游启航站

▲曹龙根 摄

水是生命之源。凤阳山之水静得怡人、清得透彻，柔似春风。

小导游知识屋

大峡谷

大峡谷，海拔1540米，景区内峡谷长2500多米。溪水蜿蜒其间，水位落差大，形成许多激流险滩和飞瀑。大峡谷以杜鹃谷、天马峰和双折瀑为主，景色一年四季各异。

杜鹃谷

▲张晓华 摄

杜鹃谷因杜鹃品种达10余种，以猴头杜鹃和云锦杜鹃为主而得名，成片面积达100多亩。每年5至6月杜鹃竞相绽放、争奇斗艳，蔚为壮观。在峡谷上建有高空揽桥，桥头石壁上刻有"杜鹃谷"3字。

百山祖国家公园寻访篇

双折瀑

双折瀑位于大峡谷下方，瀑水源自凤阳湖，从断崖凌空坠落山涧，水击乱石，水花飞溅。行至瀑底，仰头而望，大有"飞流直下三千尺"之势。夏日至瀑底，寒意侵骨，隆冬则成冰瀑。

▲张晓华 摄

七星潭

七星潭，海拔1580米，有1900米的环形游步道，落差达200余米。急流险滩，落差很大，瀑布和深潭相连，形似七星北斗。漫步在峡谷中有"山重水复疑无路，柳暗花明又一村"的意境。

瓯江源

瓯江源，海拔约1660米，主要由凤阳湖、高山草甸、塔杉林、瓯江源头组成。瓯江是浙江省第二大江，在龙泉境内流长约125千米，主源出于凤阳山锅帽尖，从温州乐清流出海。

凤阳湖

凤阳湖建于1998年，湖面面积约22亩，容库水5万立方米，是浙江省海拔最高的人工湖泊。层层参天古木把湖水染成黛色，风起波漾，树影摇曳。湖的尾部，有一处面积近百亩的湿地，平旷开阔，长满了密密麻麻的芦苇，因此这一带俗称"凤阳坞"。

第一单元　赏山水画卷

瓯江源头

▲张路明　摄

　　到此寻源，就看到"瓯江源"石碑，这是大书法家吕国璋老先生游览到此处所题写。山以水为血脉，得水而活，得草木而华。峡谷中小溪沟里的水就是瓯江的源头水，最后汇成八百里瓯江。

小导游训练营

　　山山，欣赏了百山祖国家公园的山水，我感觉真像到了人间天堂一样！

　　祖国山河如此壮丽，这都要归功于大自然的鬼斧神工。一处处壮美的风景，背后还藏着动听的故事呢！水水，让我们一起扫码看《凤阳湖的传说》故事吧！

　　小朋友，看了精彩的故事，请把《凤阳湖的传说》讲给更多的人听吧，比一比谁讲得更动听！

我要讲给我妹妹听！

我们怎样才能把故事讲得更精彩呢？

小导游点赞栏

水之澈	读一个传说		讲一个故事	
	家长评价	小组评价	家长评价	小组评价
我获得的★	☆☆☆	☆☆☆	☆☆☆	☆☆☆

 百山祖国家公园寻访篇

第4课　四季之美

小导游启航站

百山祖国家公园四季风景各异，其中凤阳山景区美得堪称惊艳。一些美景，你知或者不知，它都在那里，有摄影采风团队慕名而来，有旅游爱好者前来探秘，只为一睹凤阳山风采。

▲姚卡　摄

小导游知识屋

水水，凤阳山四季美在哪里呢？

山山，今天咱们就去领略一下凤阳山景区的四季之美吧！

第一单元 赏山水画卷

春

"春色满园关不住,一枝红杏出墙来。"龙泉诗人叶绍翁用关不住的春色告诉人们春天的来临。凤阳山的春天,群山林海披上了绿色的新装,松枝清秀而翠嫩,杜鹃花娇艳而热烈。

▲程巩胜 摄

▲吕律杨 摄

山山,凤阳山的杜鹃花真美啊!

是的,还有人用诗歌来赞美呢!

诗歌
《凤阳杜鹃》

请扫一扫,美美地读一读吧

 >> 百山祖国家公园寻访篇

夏

  在酷热难耐、骄阳似火的盛夏，风景优美且气候凉爽的凤阳山便成了避暑的好地方。树木是峻岭的皮肤，秀水是山峦的眼睛。绿满山川、花遍沃野的夏季，水就承载了更多的灵性。

▲潘世国 摄

▲张有钢 摄

水水，好想去凤阳山避暑啊！

山山，凤阳山不仅是避暑胜地，云海日出也是一大奇观呢！

请扫一扫观看吧

《凤阳日出和云海》

第一单元　赏山水画卷

凤阳山的秋，满眼的绚烂与艳丽，色彩最丰富、情感最饱满，层林尽渲染，每年都吸引无数的摄影爱好者到此采风拍摄。

▲张路明 摄　　　　　　　　　▲章亚鹏 摄

冬季，就到凤阳山来看雪吧！这是个童话般的雪世界，冰清玉洁、华贵肃穆。雪裹千山、雾凇百里。不到凤阳山，怎能品味到龙泉真正的冬天呢？

▲张有钢 摄　　　　　　　　　▲黄邦辉 摄

《雪色秘境》　　　《冰韵之美》

请扫一扫，美美地读一读吧

百山祖国家公园寻访篇

小导游训练营

水水,欣赏了凤阳山景区的四季美景,你有什么收获吗?

我现在满脑子都是赞美之词:山清水秀、清凉世界、天然氧吧、生物摇篮……

 你会怎样赞美凤阳山景区的四季美景呢?请写一写。

 请带上你的相机,踏上凤阳山之旅,拍下你眼中的美景,与同学交流一下吧!

美景粘贴区:

小导游点赞栏

百山祖四季之美	赞一处风景		拍一处风景	
我获得的 ★	家长评价	小组评价	家长评价	小组评价
	☆☆☆	☆☆☆	☆☆☆	☆☆☆

第一单元 赏山水画卷

综合实践活动

在这个单元里，我们跟随"山山""水水"了解到了百山祖国家公园凤阳山景区的壮丽景色，欣赏了景区里著名的旅游景点，深刻感受到了大自然的魅力。

活动一：探一探

在龙泉的群山中，就有这么一处秘境，藏在1800米以上的山巅云海间，在这里，伸手可触摸云海，抬头就是满天星空，它被誉为"浙江屋脊""离天空最近的地方"。它就是浙江龙泉的"千八"线，它还有一个在华东"驴友"圈盛传的称号：华东第一"虐"！"千八"线横贯了浙江省11座1800米以上的高峰，一路穿越天池、草甸、原始森林，吸引着无数的徒步爱好者们。

请扫码了解千八线，并设计活动路线，邀请大家一起去探访"千八"线吧！

活动二：学习成果展示

在本单元的学习中，你一定收获不少，我们来分享一下吧！

我把我们组在本单元的学习成果制作成一个美图集。

我把我们组在本单元的学习成果制作成一个小视频。

小导游们，你们想怎样展示呢？

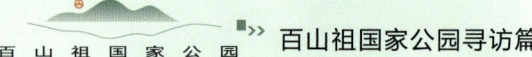 百山祖国家公园寻访篇

活动三：画一画

通过本单元的学习，请你为百山祖国家公园凤阳山景区设计一份旅游宣传海报，可以是手绘的，也可以是电脑制作的，大家行动起来吧！

比一比谁的海报能吸引更多的游客前来观光。

 小导游评选

恭喜你积极参与赏百山祖山水画卷活动，通过评比，荣获一星级小导游称号。

第二单元　绘文旅之美

▲徐永明　摄

 星级小导游

获章要求

1. 初步了解百山祖国家公园境内的文旅知识。
2. 设计古道名片和木雕图案，保护百山祖国家公园境内的传统文化。
3. 拼接传统民居，设计制作青瓷，弘扬传统文化。

 百山祖国家公园寻访篇

第5课　走廊桥古道

在古代，没有柏油马路，没有水泥大桥，一条条古道、一座座廊桥是浙西南山区人民通往外界的唯一途径。

小导游启航站

 认一认

廊桥

▲朱向晖 摄

古道

▲潘世国 摄

廊桥亦称虹桥、蜈蚣桥等，为有顶盖的桥，可保护桥梁，同时有遮阳避雨、供人休憩、交流、聚会等作用。其中，木拱廊桥分布于浙闽边界山区。目前，浙江省保存较完整的廊桥有200多座。"中国木拱桥传统营造技艺"早在2009年就被联合国教科文组织列入了《急需保护的非物质文化遗产名录》。廊桥中央设有神龛，供奉观世音菩萨、金童玉女和菇神等塑像，在龙泉、庆元、景宁地区，廊桥既是交通建筑也是宗教信仰场所。

扫码阅读
《永和桥的传说》

龙泉市大庄村孝德桥

第二单元 绘文旅之美

大庄村原名大赛村,地处江浙第一峰凤阳山黄茅尖山脚,东邻景宁,南接庆元。这里就有一座建于清雍正二年(公元1724年)古廊桥,为龙(泉)景(宁)庆(元)古道必经之桥,1938年毁于洪水。在政府部门的大力支持,乡贤名士的鼎力相助和全村人共同努力下,廊桥于2018年7月完成重建。重建的廊桥以"孝德桥"为名,体现着全村人的同心同德以及大庄人对于孝德的崇尚。

扫码阅读《崇尚孝德的大庄村》

凤百古道 被评为"浙江最美森林古道",全长50余千米,跨越龙泉和庆元两县(市)域、两个AAAA级景区、两个自然保护区,利用古道和防火线,把浙江省11座1800米以上的山峰串在一起,形成了一条风景极好的"千八"线,是江南100天空越野赛最受欢迎的古道之一。

小导游知识屋

同学们,学习了百山祖国家公园中廊桥和古道的知识后,你是不是对廊桥和古道有了进一步的了解?

考一考

木拱廊桥多分布于以下哪个地区?(　　)

A. 浙闽山区　　B. 长江三角洲
C. 青藏高原　　D. 东北平原

扫码揭晓答案

小导游们,你们知道答案了吗?如果不知道,可以向身边的长辈询问,也可以扫左边的二维码揭晓答案。

21

百山祖国家公园寻访篇

廊桥构造上集屋、亭、台、楼、阁、殿等传统建筑于一体；工艺上集木雕、石雕、砖雕、彩塑、彩绘等工艺于一身，是中国古代建筑景观史上的瑰宝。同学们，你愿意为修缮古廊桥出一份力吗？

 请你为在修缮中的廊桥设计一个木雕图案吧！

小导游训练营

廊桥凝聚着古代劳动人民的智慧，古道见证着社会的变迁，承载了历史的记忆。然而，随着现代建筑艺术的不断发展，古廊桥与古道已经渐渐淡出人们的视野。古道因无人再走，已杂草丛生，隐藏于森林之中；现存的许多古廊桥损毁严重，濒临倒塌，急需修缮。

第二单元　绘文旅之美

小导游们，你们知道百山祖国家公园境内有哪些需要修缮和保护的廊桥与古道吗？请你们实地去访一访，为其中的一座廊桥或者一条古道设计一张名片吧！

_____名片

贴照片

地理位置：_____

建筑外观：_____

_____

建筑特点：_____

建筑历史：_____

小导游点赞栏

小导游们，通过这一课的学习，我们感受到古代劳动人民为了走出这片大山付出的巨大努力，他们搭建了一座座廊桥，修筑了一条条道路。在人们的共同努力下，这些廊桥和古道一定能得到很好的保护，成为百山祖国家公园一道亮丽的风景线。

走廊桥、古道	认一认廊桥、古道		考一考廊桥知识或设计廊桥		实地访一访廊桥或古道	
	家长评价	小组评价	家长评价	小组评价	家长评价	小组评价
我获得的★	☆☆☆	☆☆☆	☆☆☆	☆☆☆	☆☆☆	☆☆☆

百山祖国家公园寻访篇

第6课　寻传统村落

小导游启航站

传统村落，又称古村落，指村落形成较早，拥有较丰富的文化与自然资源，具有一定历史、文化、科学、艺术、经济、社会价值，应予以保护的村落。

静谧的传统村落隐于百山祖国家公园的大山深处。在这里，没有昂贵的门票，没有喧哗的车马，没有熙攘的人群，人们可以尽情享受最原始、最质朴的浙西南风土人情。

上畲村

官埔垟村

▲张路明 摄

官田村

炉岙村

▲张路明 摄

小导游知识屋

读一读

村落简介
五星村

龙南乡五星村位于龙泉市东南边陲，坐落在龙泉、庆元、景宁三县（市）交界处，是百山祖国家公园创建的重要组成部分。五星村由岱根、南排、西坪、后岙、杨山头5个自然村组成，5个自然村犹如5颗璀璨的星星，故名五星村。

五星村具有800年的历史，是传统菇民区的中心区域。村内自然风光秀丽，历史文化遗存丰富，文化特色鲜明。全村历来重视生态、人文资源的保护，古民居、古建筑、古树名木保存完好，村内有原生态古民居172栋。

小导游们，冯骥才曾说过，传统村落就是一本厚厚的古书，只是很多还来不及翻阅就已经消亡。传统村落是我们曾经的居所，灵魂的家园，我们要好好保护传统村落哦！

菇民建筑

省级文物保护单位杨山头菇民建筑群

余家大屋

菇民聚落式民居空间结构

柳家大屋

百山祖国家公园境内存有多处菇民聚落式民居，庙宇建筑和民居建筑具有鲜明的香菇文化特征，是不可或缺的地域性特色建筑。这种建筑一般呈"回"字形，也有部分为三进建筑，一般可居住数十户人家，进出只有一个大门。

余家大屋建于清乾隆五十九年（1794年），建筑占地面积1722平方米，有近200个小房间，是浙南山区最大的菇民单体建筑。柳家大屋约建于民国初年，平面呈横长方形，朝东北通面宽40.3米，通进深33.28米，建筑占地面积1341.1平方米。纵轴线上依次为台门、东穿堂、天井、天井两侧楼厢、正厅。南北两侧各有一幢辅房。正厅七开间二廊，进深5柱9檩，穿斗式梁架结构。泥地。硬山顶，小青瓦阴阳合铺。楼厢均有4条小弄堂进入厨房。

2011年，柳家大屋和余家大屋被列为省级文物保护单位。

第二单元 绘文旅之美

互动体验馆

　　随着经济和社会的发展，一些传统民居的局限也逐渐显现出来。因此，当地的人们在维持古村落外部风貌的前提下，将传统民居改造建设为现代民宿，在建筑设计中融入传统元素，将现代服务设施与传统装修风格有机结合，开发出了展示传统特色的旅游住宿产品。

　　每年的夏季都是百山祖国家公园的旅游旺季。百山祖国家公园境内有着丰富的自然资源、历史遗迹和特色景点，公园境内海拔高、气温低，吸引众多前来避暑的游客到当地民宿度假。龙泉市政府一直坚持"农旅融合、以农促旅、以旅兴农"的发展战略，将地域特色与文化禀赋、农业资源与旅游要素相结合，走出了一条特色文化旅游、农业生态旅游、原生态休闲旅游互相融合的新路子。

>> 百山祖国家公园寻访篇

想一想，说一说

小导游们，如果让你对当地的菇民建筑群进行改造，将现代服务设施与传统装修风格融合，设计一座符合当地特色的民宿，你会怎么设计呢？

请和你的家人朋友说说自己的设计理念吧！

小导游训练营

传统民居建筑凝聚着古代劳动人民的智慧，在历史的洪流中，它们留下了独有的文化烙印和生动的民俗色彩，是我国宝贵的历史文化遗产。

拼一拼

同学们课后可以动手玩一玩传统民居建筑模型，拼接出精美的建筑，并拍照粘贴在这里哦！

小导游点赞栏

知村落护家园	赏传统村落		写导游词		拼民居建筑	
	家长评价	小组评价	家长评价	小组评价	家长评价	小组评价
我获得的 ★	☆☆☆	☆☆☆	☆☆☆	☆☆☆	☆☆☆	☆☆☆

第7课　扬红色文化

小导游启航站

　　百山祖国家公园境内的龙泉市、庆元县和景宁畲族自治县都是革命老根据地县（市）。1927年1月，中国共产党在浙西南播撒下第一颗革命火种，开启了浙西南人民在党的领导下进行革命斗争的伟大征程。

看一看　　红军战斗纪念碑

　　歌曲《红色浙西南》

　　"忠诚使命、求是挺进、植根人民"的浙西南革命精神影响着一代代人。《红色浙西南》这首歌就诞生在这一片红色革命热土上，同学们可以听一听，在歌曲中，你仿佛看到了一段怎样的历史？

浙西南革命根据地纪念碑和旧址

 百山祖国家公园寻访篇

小导游训练营

看一看

特殊的"标语墙"

龙南乡麻连岱自然村海拔1100米,是一个偏僻的山中小村庄。位于黄茅尖南坡,是一个几乎与世隔绝的古村落。村子四周群山环绕,竹林青翠,一条小溪潺潺地流经村庄。走进麻连岱,仿佛走进了一个世外桃源,远远地,你就会看见村里五谷神庙东墙外侧挺进师当年写下的标语——"纪念五一,打倒出卖中国的国民狗党!"

这面标语墙在1981年被龙泉县政府确定为龙泉县文物保护单位。至今,许多人还会来到村里,看一看这面墙上的字,回眸历史,展望未来。

1935年5月,中国工农红军挺进师在开展武装斗争的同时,开始了浙西南中共组织的建立和发展工作。5月初,挺进师政委会在麻连岱村召开了会议,决定开创以仙霞岭为中心的浙西南革命根据地。

读一读

红旗渠的故事

在百山祖国家公园境内,红旗渠的故事代代流传。红旗渠,作为浙江省海拔最高的人工灌溉水渠,凝聚了无数人的心血,它登上过20世纪60年代的语文课本,还被人们称为连"神仙也办不到的事儿"。

20世纪50年代,屏南镇饱受干旱问题的侵扰,为解决良田灌溉问题,坪田李、坪田叶两村的劳动人民组建了80余人的突击队,靠一双双勤劳的双手,以愚公移山的精神,开山引水,用火烧岩石浇水开裂法,凿开了悬崖峭壁上的巨大岩石,建成了全长近25千米的"人工天河",灌溉农田1400多亩。这条渠被称为"红旗渠",创造了当代人眼里的"奇迹"。那时,气候条件非常艰苦,但无论是带着孩子的妇女还是高龄的老人,都奋战在水利工地上。突击队的红旗,哪里最困难,就插到哪里。

1959年元旦,在全国水利系统先进表彰会现场,屏南乡南一社的代表们接受了由国务院颁发、周恩来总理签名的大红锦旗,并受到了毛泽东主席的亲自接见。它的光辉事迹还被拍摄成了电影纪录片《丰收红旗处处飘》。

第二单元 绘文旅之美

互动体验馆

 **故事传声筒**

走访百山祖国家公园的时候,你一定也听到了许多与革命历史有关的故事,让我们来争当故事传声筒,讲给亲朋好友听,让更多的人知道吧!

快来扫码听一听龙泉市实验小学的《金鳌党史讲堂》吧!

 **讨论展示**

浙西南革命精神,为我们在奋斗和进取的过程中,点亮一盏指路明灯。作为新时代少年儿童,让我们一起来找一找身边的榜样吧!

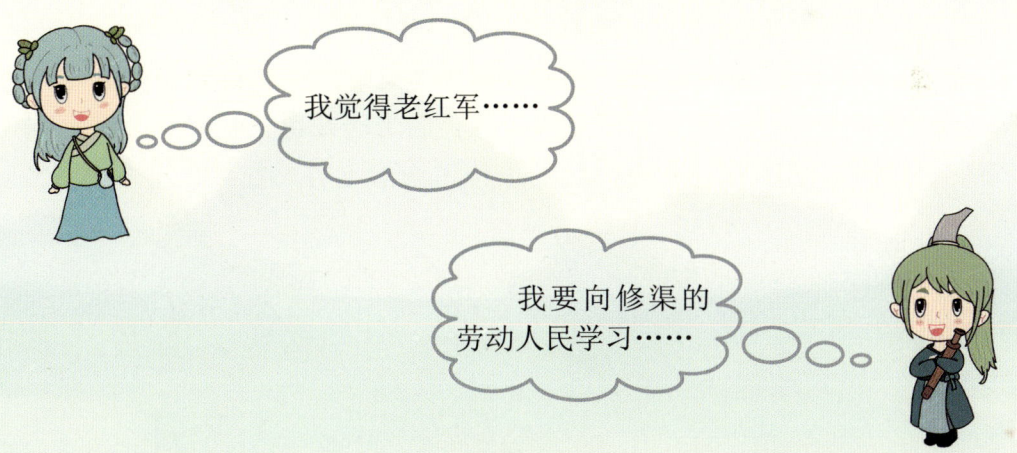

我觉得老红军……

我要向修渠的劳动人民学习……

我觉得_____是我学习的榜样,因为_____

31

>> 百山祖国家公园寻访篇

请各位小导游以小组为单位去走访、收集百山祖国家公园境内的红色文化资料，将这些资料进行整理、剪贴、加工，制作一份手抄报。

古镇、古村、古道、古屋，这一切都与浙西南红色革命紧密结合在一起，一种浓浓的古意，一种厚重的历史感，将我们带回红色记忆之中。薪火相传，汲取精神营养，感受四时风物，我们也传递着永不熄灭的红色革命之火炬。

小导游点赞栏

知历史树榜样	学唱《红色浙西南》		看红色革命故事，树红色榜样		完成浙西南革命知识手抄报	
我获得的 ★	家长评价	小组评价	家长评价	小组评价	家长评价	小组评价
	☆☆☆	☆☆☆	☆☆☆	☆☆☆	☆☆☆	☆☆☆

第8课　识乡土特产

小导游启航站

百山祖国家公园包容万物，让无数动植物、山河大地与人类文明共生同长。辛勤的浙西南人民在这片土地上世代耕作，许多珍贵特产出自于此。

灵芝

石斛

香菇

宝剑、青瓷

百山祖国家公园寻访篇

小导游知识屋

龙泉灵芝

灵芝,是中国中医药宝库中的珍品,素有"仙草"之誉。龙泉灵芝,浙江省龙泉市特产,是中国国家地理标志产品。龙泉灵芝朵形圆整、质地致密、比重大、底色好,具有较好的商品性。有效成分高,三萜类含量高于其他地方所产灵芝,总糖含量比一般灵芝高22.2%。2010年5月24日,国家质检总局批准对"龙泉灵芝"实施地理标志产品保护。

野生铁皮石斛

铁皮石斛为兰科石斛属多年生草本植物,别名"黑节草"等,是《中国药典》2010版收录的名贵中草药之一,位于"九大仙草"之首,具有滋阴清热、益胃生津等功效。铁皮石斛是国家二级重点保护珍稀濒危植物。

> 小导游们,百山祖国家公园跨越了4个气候带,相继分布着常绿阔叶林、针阔混交林、针叶林、灌丛、草甸等植被,孕育了同纬度地区最为原始的中亚热带森林。这里物种丰富,是动植物们的家园。

第二单元　绘文旅之美

 互动体验馆

龙泉宝剑锻制技艺被列为国家级非物质文化遗产,迄今为止已有2600多年的历史。龙泉宝剑以锋刃锐利、寒光逼人、刚柔并济、纹饰巧致而著称。

你还知道哪些特产？能否进行介绍？

 画一画

小导游们，请在下方画一画自己想要锻制的宝剑样式吧！

百山祖国家公园寻访篇

小导游训练营

龙泉优越的自然环境为龙泉窑生产青瓷提供了十分优越的条件。宋元之际，龙泉弟窑青瓷的烧制进入鼎盛时期，经过历代窑工的智慧和技巧，这里烧制出青如玉、明如镜、声如磬的青瓷，绚烂之极。

小导游们，请去青瓷工坊参观一下，动手制作出自己喜欢的青瓷，拍照粘贴在这里吧！

小导游点赞栏

识特产扬文化	识珍贵特产		读特产简介		制作青瓷	
	家长评价	小组评价	家长评价	小组评价	家长评价	小组评价
我获得的★	☆☆☆	☆☆☆	☆☆☆	☆☆☆	☆☆☆	☆☆☆

第二单元 绘文旅之美

综合实践活动

在这个单元里,我们跟随"山山""水水"认识了百山祖国家公园境内的廊桥和古道,我们知道了永和桥背后的故事,寻访了百山祖国家公园境内的廊桥、古道,深刻感受到廊桥、古道需要我们的保护;我们还去探寻百山祖国家公园的传统村落,知晓了菇民建筑群的布局和由来;我们也学习了百山祖国家公园一带的红色革命故事,深刻地感受到了浙西南革命精神,树立起了学习的榜样;最后,我们认识了百山祖国家公园一带的珍贵特产,也试着自己动手制作青瓷,收获颇丰。

活动一:动一动,巧拼廊桥

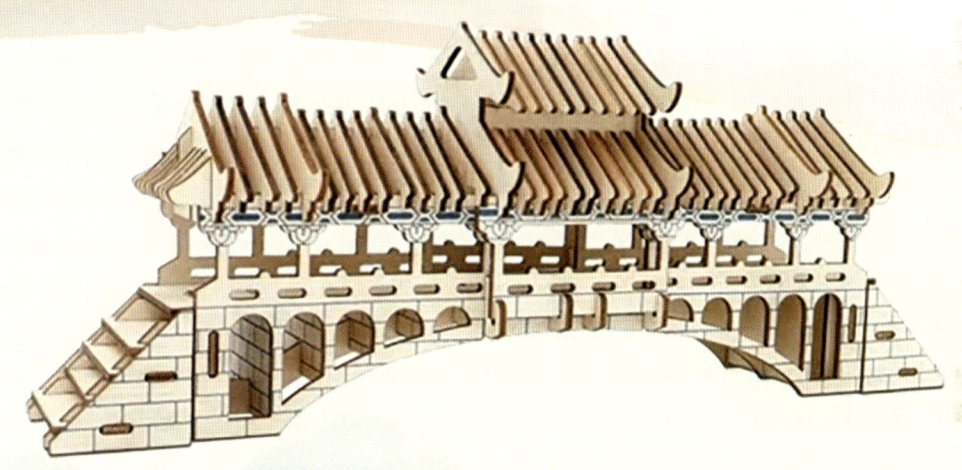

活动二:学习成果展

在本单元的学习中你一定收获不少吧,来分享一下吧!

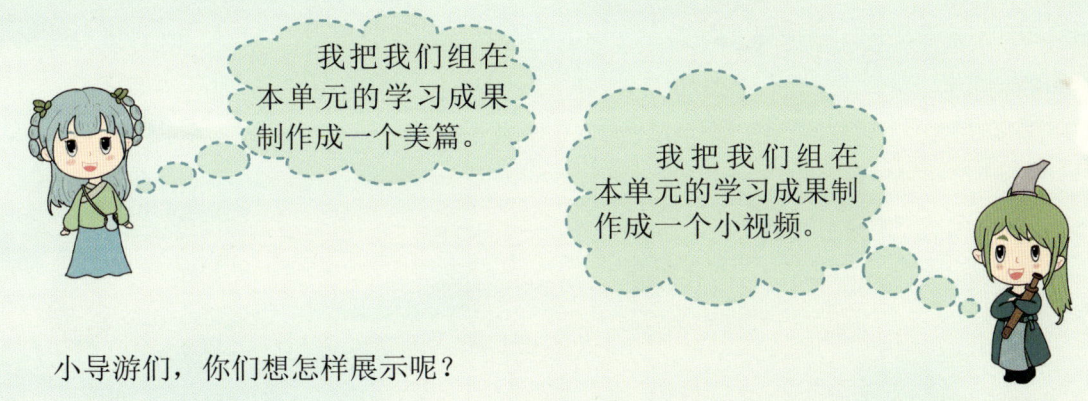

我把我们组在本单元的学习成果制作成一个美篇。

我把我们组在本单元的学习成果制作成一个小视频。

小导游们,你们想怎样展示呢?

百山祖国家公园寻访篇

活动三：请你借助本单元所学的知识，为到百山祖国家公园旅游的客人，设计一份特产清单。

小导游评选

恭喜你积极参与绘百山祖文旅之美的活动，通过评比，荣获二星级小导游称号。

第三单元　承农俗文化

 星级小导游

获章要求

1. 了解传统农具，制作记录卡。
2. 游赏香菇庙会，讨论关于菇民防身术的传承建议。
3. 小组内展示交流"树"的故事。
4. 选取感兴趣的内容，合作完成简单的研究报告。

　百山祖国家公园寻访篇

第9课　认识传统农具

农耕

小导游启航站

几千年来，农民们过着"日出而作，日入而息"的朴素生活，他们凭借自己的智慧发明了很多精巧实用的农具，用以提高生产效率。

小导游知识屋

《曲辕犁介绍》

我国古代的生产农具不断改进，凝结着一代又一代农民的集体智慧。

如"曲辕犁"，它是怎么发展的？又是怎么使用的呢？如果你到乡村走走看看，收获会更多哦！

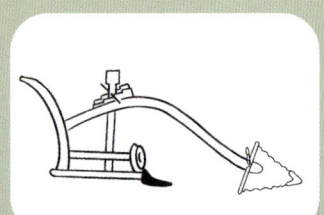
曲辕犁

犁具

现代犁具

第三单元 承农俗文化

认一认

传统农具还有很多,我带领大家一起来盘点吧!

扇车

扇车是由古代劳动人民发明的用于清选粮食的一种农具,由车架、风扇、喂料斗及调节门等构成。工作时,将粮食放入喂料斗,手摇风扇,开启调节门,密度小的轻杂物被风力吹出机外,密度大而饱满的谷物直接落入下边出料口。这样,颖壳、灰糠及瘪粒等杂质与谷物就被分开了。

打稻机

农用铁具

蓑衣

小导游训练营

猜一猜

随着科学技术的不断发展,这些曾经跟随农民一辈子的生产劳动工具,渐渐淡出人们的视野,成为历史的一部分。上述这些农具分别是用来做什么的呢?请你猜一猜。

我看到爷爷老屋里有一件蓑衣,就向他请教了蓑衣的用途与用法,爷爷还给我出了一个有关农具的谜语。

你爷爷真是博学广闻。上次参观农耕博物馆时,我看到过这件农具,讲解员介绍过它。

谜语:
一哥驼背,二哥驼背,
三哥驼背老,四哥更驼背。
(打一农具)

扫一扫,获谜语答案
了解更多农具知识

小导游们,你们猜出这些农具的用途了吗?你还知道哪些农具呢?

百山祖国家公园寻访篇

小导游成果展

虽然绝大多数古老的农具现在已不再为我们使用,但它们静静地诉说着这片土地上曾经辉煌灿烂的农业文化,它们是生长在这片土地上的劳动人民留给我们的最珍贵的财富。我们应该走近它们,了解它们,并将它们的故事告诉我们的子孙后代。

了解传统农具真是一件很有趣的事。在百山祖国家公园的古村落里,还留存着许多独具特色的农具,让我们一起找一找,把它们记录下来吧!

农具记录卡

贴照片

名称:＿＿＿＿＿
外观:＿＿＿＿＿
＿＿＿＿＿＿＿＿
＿＿＿＿＿＿＿＿
用途:＿＿＿＿＿
＿＿＿＿＿＿＿＿
＿＿＿＿＿＿＿＿
技术发展史:＿＿＿

实验小学605
李韩吉

我打算像这位同学一样,给每一种传统农具制作一张记录卡,最后可以装订成册,与同学们一起分享。

第三单元　承农俗文化

说一说

当我们在制作"农具记录卡"时，是否感受到这是一件很有趣且有意义的事情呢？一起和组里的小伙伴们说说记录中的发现和感受吧！

我看到了一件生产香菇的农具……

我发现现代机械农具是由传统农具发展而来的……

小导游点赞栏

评一评

学完这一课，相信你对传统农具有了更深的了解，同时，你离合格的导游又近一步啦。

了解农具	制作农具记录卡		交流发现与感受	
	家长评价	小组评价	家长评价	小组评价
我获得的 ★	☆☆☆	☆☆☆	☆☆☆	☆☆☆

 百山祖国家公园寻访篇

第10课　游赏香菇庙会

看戏

小导游启航站

香菇庙会（也叫菇神庙会），是浙江龙泉、庆元、景宁三县（市）菇民特有的节日。龙泉市龙南下田村五显庙自清雍正元年（公元1723年）始，每年农历六月至七月都要举办香菇庙会，节日的热闹程度胜似过年。

小导游知识屋

 听一听

▲金少芬 摄

香菇庙会如此隆重，三县（市）菇民供奉的"菇神"是谁？关于他的传说又有哪些呢？

扫一扫，听故事吧
《吴三公传说》

第三单元 承农俗文化

赏一赏

扫一扫，
一起赏庙会吧！

香菇庙会上的活动真是精彩纷呈，跟着我去瞧一瞧吧！

舞狮

祭祖

木偶戏

状元礼

小导游训练营

记一记

千百年来，龙泉、庆元、景宁菇民以生产香菇谋生，他们创业的艰辛历程为祖国农业文明增添了一抹亮色，因此，相关的民谣、诗文、故事也应运而生。

山山，我拍摄到神庙上的一副对联："朱皇钦封龙庆景，国师讨来做香菇"，这背后还藏着一个神秘的故事呢。

水水，你的收获可真不小。通过走访，我也搜集到了菇民传唱的一句歌谣："枫树落叶，夫妻分别；枫树抽芽，丈夫回家。"当时菇民外出种菇，秋去春归，真是辛苦。

小导游们，通过走访、查阅资料，积累当地的民谣、诗文，是一名导游的必备技能哦，它们能让我们的讲解更加生动有趣。

百山祖国家公园寻访篇

小导游成果展

古时，一入秋，成群结队的菇民就背井离乡，跋山涉水到外省的深山密林，搭起茅草树皮房栽培香菇，直至来年春天才会回家务农，广大的菇民无法与家人共度春节与元宵节。于是，每年的香菇庙会就成了全家团聚、大家同乐的好时机。

我们说香菇庙会不仅是这片土地上独具特色的民间习俗，更体现出了这片土地上菇民们的勤劳与智慧。

一年一度的香菇庙会如约而至，和家人、小伙伴们一起快乐游玩吧！

游玩结束后，像这样写一篇活动日志，让实践活动变得更有意义了。

活动日志

第三单元　承农俗文化

请你当小导游，向组里的小伙伴们介绍香菇庙会的盛况吧！

庙会上，当地菇民还会聚集在一起……

香菇庙会上的木偶戏可真有意思……

小导游点赞栏

学完这一课，小导游们，相信你们增长了不少见识，继续加油哦！

香菇庙会	写庙会日志		当庙会小导游	
	家长评价	小组评价	家长评价	小组评价
我获得的★	☆☆☆	☆☆☆	☆☆☆	☆☆☆

百山祖国家公园寻访篇

第11课　走进菇民防身术

菇民防身术——棍术

小导游启航站

因为菇民远离家乡千百里之外，又常年在深山老林栽培香菇，为了防盗贼强抢、野兽侵扰，于是，他们练就了一套独特的防身术，现称为"菇民防身术"。

小导游知识屋

菇民防身术有哪些技法？这些技法又有什么特点呢？想了解更多，可以向当地菇民请教哦。

菇民们常在五显庙交流武艺。

下田村五显庙

第三单元 承农俗文化

探一探

扁担

板凳

菇民所使用的武器都是就地取材，真是独具特色，充满了生活智慧。

其中，菇民所使用的扁担与普通扁担有所不同。它用硬木制成，能挑近百千克重的物品，这是菇民长途跋涉的需要，也是增强防御效果的需要。另外，普通扁担的两端通常有三颗钉，而菇民的扁担两端则不上钉，这样遇敌时就能迅速脱开挂着的行李，扁担的这一特点也成为菇民间识别自己人的一种暗号。

小导游训练营

学一学

1000多年前，菇民为了防身，自小练拳习武。到了明末清初，几处大神庙曾举行擂台比武竞技。而今，它所发挥的是强身健体的作用。

棍术

拳术

板凳功

扫码观看防身术

小导游们，你们是不是也想一展拳脚了？那就到现场向师傅讨教几招吧。活学活用，如果将它作为与游客的互动环节，一定很有意思哦。

 百山祖国家公园寻访篇

小导游成果展

时空变迁，如今，国家兴盛、社会安定，菇民们已经过上了安居乐业的生活。菇民防身术是以口传身教的方式传承，没有系统的文字和图像记录，濒临失传。

曾经在菇民间广泛流传的防身术，现在学习的人已经很少了。

是的，只是在特定的节日或竞技赛事上会出现。

那我们怎么保存和传承这份珍贵的非物质文化遗产呢？

我们可以给市长写一封关于传承菇民防身术的建议书……

小导游点赞栏

通过这一课的学习，你肯定收获颇丰，表现也很不错哦！

了解菇民防身术	交流建议		写建议书	
	家长评价	小组评价	家长评价	小组评价
我获得的 ★	☆☆☆	☆☆☆	☆☆☆	☆☆☆

第三单元 承农俗文化

第12课 聆听树的故事

后岙村村口大柳杉 ▲张路明 摄

小导游启航站

在漫长的生产劳动过程中,这里的人们营造出了众山地栽众树的良好风尚,并成为延续至今的习俗,它向我们展现出一幅幅饶有生活情趣的山林图。

小导游知识屋

听一听

走进后岙村,映入眼帘的是5株大柳杉,真是令人叹为观止!其中一株是浙江省最大的柳杉王。它到底有多高大?为什么能长得如此高大呢?欢迎你到后岙村开展小调查哦!

扫一扫,
了解后岙村的大柳杉

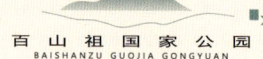 百山祖国家公园寻访篇

连一连

除了栽植"风水树",人们还喜欢种树来美化庭院,在庭院种树是很讲究的。你知道下面这些树分别栽种在屋子的哪个位置,都有什么寓意吗?请你连一连。

扫码
揭晓答案

屋前   **屋后**

石榴   桂花   竹子   柚树

荣华富贵   子孙满堂   荫佑子孙   青春永驻

小导游训练营

访一访

> 水水,我听村里的一位老爷爷说,他小时候经常生病,就认了村口的樟树为爹。于是,他就多了一个昵称"樟树儿"(意思是樟树的儿子)。

> 哈哈,真有意思。村里的老人们告诉我,别看村子里的树长在那儿,不说话,只管开花结果。但是,它们都藏着很久远的故事哩。

> 小导游们,当你走访古村落的时候,不要忘记问问树的故事哦,相信你会有意想不到的收获。

第三单元 承农俗文化

小导游成果展

山头夕阳斜照，山间微风吹拂。村口的柳杉，弯弯的水田，门前屋后的各色绿植……在向我们诉说着这个古老村落的风俗趣事，讲述着人与自然和谐相处的生活哲学。这是人对自然的敬畏，也是自然对人的反哺。

百山祖国家公园真是处处皆风景，一草一木全是景致。哪一处的风景勾住了你的脚步呢？请你把它画下来，再写几句感受。这也是作为一名资深导游的必备技能哦。

大庄村樟树

野绣球

五指连心

 百山祖国家公园寻访篇

请拿着你的画作,向组里的小伙伴们介绍画里的风景和故事,听听谁的故事更吸引人。

小导游点赞栏

通过学习和走访,我真切地感受到:一草一木皆有情。旅游不只是看风景,还能收获不少风景里的故事。

聆听树的故事	画一处风景		介绍一处风景	
我获得的 ★	家长评价	小组评价	家长评价	小组评价
	☆☆☆	☆☆☆	☆☆☆	☆☆☆

第三单元 承农俗文化

综合实践活动

活动一：交流想法

通过走访，我对传统农具产生了浓厚的兴趣，想进一步搜集资料了解传统农具与现代农具之间的联系。

香菇庙会作为百山祖国家公园菇民们的特有节日，真是热闹非凡。我想去实地探访，了解这个节日能够代代相传的魅力所在。

我想去当地寻访菇民防身术的传承人，用文字、图片、视频等方式把它记录保存下来，为传承菇民防身术贡献一点力量。

我从没想过人与植物的命运是如此紧密相连，计划走访百山祖国家公园，了解当地农耕文化，不仅是记录、研究，更想呼吁人们一起来保护这些珍贵的"活化石"。

活动二：体验生活

农家生活乐趣多，我们一起来体验吧！

百山祖国家公园寻访篇

活动三：开展调研

自由组成小组，讨论从哪个方面了解百山祖国家公园农俗文化，制订活动计划，并根据计划开展活动，最后形成一份简单的研究报告。

小导游评选

感谢你积极参与传承农俗文化活动，恭喜你，荣获三星级小导游称号。

第四单元　品舌尖美味

星级小导游

获章要求

1. 知晓百山祖国家公园一带的3种以上野菜。
2. 学习一种美食的制作方法。
3. 为自己喜欢的美食写一段推介词。

第13课 寻找点心故事

小导游启航站

听一听

欢迎您到这里来

择一抹光阴，背起行囊，踏上静谧的旅途，于山川湖海间，寻访百山祖国家公园，赏山水画卷，尝舌尖美味。每个节日里都有独特的点心，还包含着独有的故事。现在就让"山山""水水"带我们寻找点心里的故事吧！

说一说

你知道下面的点心是在哪个传统节日中吃的吗？

黄 粿

清明粿

麻 糍

粽 子

第四单元　品舌尖美味

小导游知识屋

我知道清明节吃清明果，端午节吃粽子，重阳节吃麻糍……

我还知道这些点心里的故事呢！

黄粿的由来

　　黄粿起源于闽、浙、赣边区，仙霞岭山脉的龙泉、庆元、松溪、浦城一带。相传公元878年秋，黄巢义军南征，途径仙霞岭，大军需要穿越仙霞岭数百里人烟稀少的崇山峻岭、深山密林。黄巢因恐途中无食而愁。一日，黄巢在山中偶遇一樵夫，见其口粮甚怪，乃问之。樵夫答之："因我每次出来砍柴都在山中数日，娘恐我饿，乃制米粿当路中餐。因米粿加一灌木灰水而制成，可增其香味还能助消化，可保鲜数十日而不坏。"黄巢即下令动员边区民众制米粿以供大军过山之用。因黄巢大军深得民心，故民众都积极响应而制米粿以助义军。此后，米粿因被义军征用而闻名，民众亦因为纪念黄巢义军而把此米粿更名为"黄粿"。

说一说

　　美食故事还有很多哦！如粽子、麻糍也是有故事的，开一个美味分享会，说一说点心里的故事吧！

咦！山山，我发现龙泉的特色食品如黄粿、黄粽、早米粿等都要加入灰碱（把山戈槎、龙钟等烧成灰，再用开水冲泡而成）。

是呀！水水，加入灰碱的食物，一是可延长存放时间，不易腐败变质；二是农村山道崎岖离家远，山民劳作往往晨出晚归，中餐多需"寄饭"在野外食用，吃了黄粿、黄粽等灰碱食品，又不伤胃。

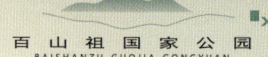
百山祖国家公园寻访篇

小导游训练营

粉皮是龙泉民间流传上千年的特色美食，尤其是百山祖国家公园内的龙南粉皮，更是一绝，我们来学一学它的制作方法吧！

美味的龙南粉皮是怎么制作的呢？扫码看实录哦！

龙南粉皮制作过程

1. 取材
2. 磨浆
3. 铺浆
4. 蒸熟
5. 加料

第四单元　品舌尖美味

小导游成果展

行动起来，去寻一寻、尝一尝你喜欢的点心，完成点心名片吧！

点心名称：

配料：

制作过程：

＋照片

食用方法：

评价：

小导游点赞栏

寻点心里的故事	说出五种点心的名称		说出一种点心的故事		与父母或小组成员学做一种点心	
我获得的★	家长评价	小组评价	家长评价	小组评价	家长评价	小组评价
	☆☆☆	☆☆☆	☆☆☆	☆☆☆	☆☆☆	☆☆☆

百山祖国家公园寻访篇

第14课 探秘野菜日志

小导游启航站

人间烟火味，最抚凡人心！生活在百山祖国家公园的人们总能享受到许多大自然的馈赠。野菜为我们带来了许多属于野外的乐趣。这么多的野菜，你能叫出它们的名字吗？

扫码找答案

第四单元　品舌尖美味

第15课　品尝菜肴风味

小导游启航站

百山祖国家公园宣传大使"山山""水水"向我们发出诚挚的邀请：蓝天白云、青山绿水、美酒佳肴都在这儿等你！让我们一起游山玩水，品特色美味的农家菜肴吧！

龙南田螺

鲤鱼干

魔芋豆腐

苦槠

 百山祖国家公园寻访篇

小导游知识屋

你想了解这些美食吗？来读一读美食名片，从美美的文字开始了解吧！

高山薄壳田螺

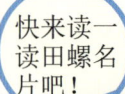
快来读一读田螺名片吧！

高山薄壳田螺是丽水境内百山祖的一种特产，主要分布于百山祖山麓海拔600～1200米区域的3个相邻乡镇（龙泉市的龙南乡、庆元县的百山祖镇、景宁畲族自治县的英川镇）的水田中，它的最大特点是外壳很薄，整个螺体晶莹剔透，从壳外就能看到里面的肉，用筷子头轻轻一敲外壳就破，食用很方便。它的肉质脆嫩、味道鲜美，深受消费者的喜爱，到百山祖国家公园吃高山薄壳田螺，已经成为广大游客必不可少的一个"节目"。

苦槠干

苦槠干的原材料是当地苦槠树上长的一种野果。苦槠树通常高达十几米，苦槠果实的外表与板栗类似，种仁富含淀粉，浸水脱涩后可制成苦槠粉，进一步加工成苦槠豆腐、苦槠粉丝、苦槠干、苦槠糕之类美食。

苦槠干清热解毒，口感细嫩而结实，爽口而柔韧，是龙泉、庆元、景宁百山祖国家公园一带一种特色美食。

我们一起来认识苦槠吧！

第四单元　品舌尖美味

小导游训练营

我是小小美食家，我知道美食"苦槠干"的制作过程！

1. 收集苦槠果。苦槠果一般在秋冬时节会大面积掉落，由于苦槠树特别高大，农民采集苦槠果是以捡拾为主。苦槠果成熟时节，勤劳的人们常在凌晨四五点钟就去捡拾果实。

2. 苦槠果晾晒直到外壳裂开口子为止。

3. 手工剥壳，取出苦槠果果仁。

4. 将苦槠果果仁用清水浸泡大约一晚上，然后打制成浆液。将苦槠果浆倒入锅中用小火炖煮，且不断搅拌，防止焦糊。

5. 熬制大约1小时，待果浆成为黏稠的糊状时，就可以盛出放到专门的豆腐箱中，盖上保鲜膜。静置大约一晚上，苦槠果浆就会凝固成苦槠豆腐，倒出后用特制器具把它切成片状。

6. 将苦槠片放到算子上晾晒，晒干后，就成了苦槠干。苦槠干便于保存，用袋子装好放在阴凉处，放一年也不会坏。

百山祖国家公园寻访篇

 猜一猜

猜一猜，下图中的工具是用来做什么的？

> 我知道这是切苦槠干的工具。苦槠豆腐内里绵密细软，如果用菜刀切片，就很难切。而用特制的铁丝网道具来切，一次性就能切出十几片，大小薄厚都均匀，非常巧妙，真是小工具大智慧！

 写一写

我们家乡的美食琳琅满目，请你为心仪的一种佳肴写一段推介词吧！

小导游点赞栏

觅百山祖菜肴风味	说出五种美食		说出一种美食的制作过程		与父母或小组成员学做一种美食	
我获得的 ★	家长评价	小组评价	家长评价	小组评价	家长评价	小组评价
	☆☆☆	☆☆☆	☆☆☆	☆☆☆	☆☆☆	☆☆☆

第四单元 品舌尖美味

同学们，祝贺你在寻访百山祖国家公园活动中，集齐山水、文旅、农俗、美味这"四美"奖章！你已顺利通关，祝贺你获得百山祖国家公园五星级小导游终极奖章！

百山祖国家公园科普读物 2

百山祖国家公园探秘篇
适用 3~6 年级

李盛杰　彭　辉　主编

中国农业科学技术出版社

图书在版编目（CIP）数据

百山祖国家公园科普读物 . 2, 百山祖国家公园探秘篇 / 李盛杰 , 彭辉主编 . -- 北京 : 中国农业科学技术出版社 , 2024.1
ISBN 978-7-5116-6559-1

Ⅰ.①百… Ⅱ.①李… ②彭… Ⅲ.①国家公园－丽水－青少年读物 Ⅳ.① S759.992.553-49

中国国家版本馆 CIP 数据核字 (2023) 第 233516 号

责任编辑　张志花
责任校对　王彦
责任印制　姜义伟　王思文
美术编辑　王小菲

出 版 者	中国农业科学技术出版社
	北京市中关村南大街 12 号　　邮编：100081
电　　话	（010）82106636（编辑室）　（010）82106624（发行部）
	（010）82109709（读者服务部）
网　　址	https://castp.caas.cn
经 销 者	各地新华书店
印 刷 者	北京科信印刷有限公司
开　　本	185 mm×260 mm　1/16
印　　张	5
字　　数	120 千字
版　　次	2024 年 1 月第 1 版　2024 年 1 月第 1 次印刷
定　　价	88.00 元 (共 2 册)

◀ 版权所有·侵权必究 ▶

《百山祖国家公园探秘篇》

编委会

总 顾 问：李先顶　刘福明　曾国健

顾　　问：叶志鹏　王少燕　王　辉

丛书主编：季茂旺　季新良　叶兰华　沈庆华

丛书副主编：郑爱芬　叶立新　余　英　许年财
　　　　　　叶　俊　周志发

本册主编：李盛杰　彭　辉

本册副主编：余盛武　马　毅

本册编委：叶建青　周晓芬　兰晓霞　潘周俊
（排名不分先后）叶　红　吴　洁　方佳丽　游春颖
　　　　　　周秋梅　王小菲　毛仁燕　楼爱君
　　　　　　李美琴　叶　飞　高德禄　刘玲娟
　　　　　　季清红　项慧珍　骆珍莎　王　丹

序 言 》》PREFACE

  在中国生态名城的璀璨明珠——丽水市南部，龙泉、庆元、景宁三县（市）的怀抱中，隐匿着一处令人心驰神往的生态文化圣地——百山祖国家公园。这里，自然与人文交织成一幅幅高远、深远、平远的中国山水写意大画卷，每一笔都蕴含着生命的律动与文化的深邃，吸引着无数心灵前来亲近、学习、感受、探索与赞美。

  为了让这份美丽与奇迹得以传承与发扬，我们精心策划并编撰了百山祖国家公园系列丛书，旨在通过文字与图像的力量，引领读者走进这片神奇的土地，感受其独特的魅力与价值。《百山祖国家公园寻访篇》与《百山祖国家公园探秘篇》两册，不仅是科普知识的载体，更是心灵的灯塔，照亮了通往自然奥秘的道路。

  《百山祖国家公园探秘篇》一书是一本科普读物，更是一把钥匙，解锁了通往自然奥秘的大门。翻开这本书，就如同踏上了一段激动人心的探险旅程，百山祖国家公园的青山绿水、繁茂的动植物群落、珍稀物种，

一一展现在眼前。这本书教会读者如何观察、如何提问、如何调查研究，激发读者内心对大自然无限的好奇与探索欲。在这里，每个人都能成为小小科学家，用自己的眼睛去发现，用自己的心灵去感受，用自己的双手去记录，最终将这份宝贵的体验与发现分享给更多人。

  我们深知书籍的力量在于启迪智慧，激发潜能。因此，《百山祖国家公园探秘篇》在编写过程中，特别注重内容的科学性、可读性与趣味性，力求以图文并茂的形式，将复杂的科学知识简单化、生动化，让每一位读者都能轻松上手，享受探索的乐趣。同时，我们也希望通过这本书，唤起更多人对家乡——百山祖国家公园的关注与爱护，让我们携手共进，为保护这片美丽的土地贡献自己的力量。

  在此，我们要特别感谢所有参与编写工作的同仁们，是你们的辛勤付出与无私奉献，才使得这本书得以顺利问世。同时，也要感谢所有为本书提供素材来源的工作人员和部门领导的支持与指导。

  最后，我们诚挚地邀请每一位读者加入这场探秘之旅，与我们一起见证百山祖国家公园的辉煌与未来。愿《百山祖国家公园探秘篇》成为你探索家乡的良师益友，愿你在阅读的过程中收获满满的知识与感悟。让我们共同守护这份珍贵的自然遗产，让百山祖的美丽永远绽放于世界的每一个角落！

目录 Contents

第一单元　动物篇
- 第1课　走进百山祖国家公园　02
- 第2课　走进动物王国　06
- 第3课　调查百山祖国家公园的动物　10
- 第4课　制作昆虫标本　14

第二单元　自然篇
- 第5课　调查百山祖国家公园的土壤　20
- 第6课　调查百山祖国家公园的水域　24
- 第7课　调查百山祖国家公园的气候　28
- 第8课　我们的自然调查展　32

第三单元　植物篇
- 第9课　走进植物王国　38
- 第10课　调查百山祖国家公园的植物　42
- 第11课　制作植物标本　46
- 第12课　创作树叶贴画　50

第四单元　保护篇
- 第13课　举办作品展　56
- 第14课　百山祖国家公园的珍稀物种　60
- 第15课　调查百山祖国家公园的保护现状　64
- 第16课　我们的海报展　68

▲张斌 摄　　　　　　　　　　　　　　　　▲宋世和 摄

第一单元　动物篇

　　上图中这种动物叫"黄腹角雉"。它的头顶上有黑色与栗红色的羽冠，腹部羽毛呈皮黄色，因此得名。雄鸟长有翠蓝色及朱红色组成的艳丽肉裙及翠蓝色肉角，每当发情时向雌鸟展示自己的"舞姿"，以博取雌鸟的好感。

　　百山祖国家公园里还有哪些有趣的动物呢？百山祖国家公园里的动物，又有哪些奥秘等待我们去发现呢？

　　学习这个单元，我们将走入百山祖国家公园，对其中的动物展开调查，了解种类繁多的动物世界，制作一份昆虫标本，让我们一起踏上探秘之路吧！

第1课　走进百山祖国家公园

百山祖国家公园有哪些奥秘呢？今天我们一起去看看吧。

阅读资料

▲周勇 摄

地理坐标

北纬
27°32′25″～27°58′28″

东经
118°57′49″～119°22′09″

▲张路明 摄

▲姚卡 摄

在中国生态名城丽水市南部，瓯江源头，龙泉、庆元、景宁三县（市）交界地区，有一方不可多得的生态高地和文化高地，百山祖国家公园就诞生在这片神奇的土地之上。

百山祖国家公园园区面积499.45平方千米，核心保护区占52%，一般控制区占48%。

这里是中亚热带常绿阔叶林生态系统的典型代表，是生物多样性异常丰富、珍稀濒危物种集聚度极高的区域。据不完全统计，截至2021年，这里已经发现维管束植物2102种，其中国家重点保护植物34种；野生脊椎动物416种，其中国家重点保护动物48种；大型真菌632种。

百山祖冷杉

这里有第四纪冰川子遗植物百山祖冷杉，被世界自然保护联盟确定为全球最濒危的12种植物之一。

▲陈祖培 摄

冥古宙锆石

这里有两颗亚洲最古老的冥古宙锆石，距今超过了40亿年。

>> 扫码学习

《百山祖国家公园播报》系列

>> 了解更多信息

百山祖
国家公园

（1）搜索网站：www.bszgjgy.com

（2）参观百山祖国家公园展厅

（3）关注百山祖国家公园
    微信公众号和抖音号

>> 整理信息

用文字、思维导图等形式来展示
你眼中的百山祖国家公园吧

介绍研究成果

交流评价表

评分标准	3分	2分	2分	评分
研究过程	过程清晰 真实科学 记录完整 图文并茂	过程较清晰 记录较完整真实	研究过程和记录 不完整	
成果展示	呈现美观 条理清晰 图文并茂 容易读懂	成果较美观 条理较清晰 有图或文	成果不美观 条理不清晰	
人员分工	人员安排合理 分工明确	有人员安排 但分工不是很明确	无人员安排 或分工不明确	
交流表达	能清楚表达本组的 研究过程和发现	基本能表达本组的 研究过程和发现	不能完整表达本组的 研究过程和发现	
研究改进	能对本组的研究 提出改进建议 （2点以上）	能对本组的研究 提出改进建议 （1~2点）	不能对本组的研究 提出改进建议	
对别组研究 提出疑问或意见	每提出1点得1分			
总　分				

第 2 课　走进动物王国

百山祖国家公园因其独特的地理位置和自然条件，适合许多动物在这里繁衍生息。据有关部门统计，现有野生脊椎动物约 416 种，其中国家重点保护动物 48 种，包括了鱼类、两栖类、爬行类、鸟类、哺乳类等，动物种类极其丰富。让我们走进动物王国吧！

阅读资料

昆虫类：2007 年，有关部门联合开展了昆虫调查，百山祖国家公园共计发现 25 目 239 科 1690 种。百山祖国家公园面积约占浙江省的 0.142%，但昆虫种类却占浙江省的 17.8%，可见其昆虫种类非常丰富。

蜻蜓

溪石斑

鱼类：百山祖国家公园共记录鱼类 45 种，如溪石斑、缨口鳅、鲤鱼等，鲤形目种类最多，有 33 种。

百山祖国家公园鱼类具有明显的垂直分布特性，随着海拔升高，种类明显减少。然而，近年来海拔较低处的溪流因修建水库、建造电站等原因，一定程度上破坏了鱼类生存的基本条件，导致鱼类资源减少。

两栖类：百山祖国家公园共记录两栖类动物32种，占浙江省的74.4%，有石蛙、斑肥螈、东方蝾螈等。

石蛙

五步蛇

爬行类：百山祖国家公园共记录爬行类动物49种，占浙江省的59.8%，是浙江省爬行类物种最丰富的地区之一。常见的爬行类动物有蛇、蜥蜴、乌龟等。

鸟类：百山祖国家公园共记录鸟类121种，有大山雀、林雕、黑颏凤鹛等。

林雕　▲项晓东 摄

哺乳类：百山祖国家公园共记录哺乳类动物62种，占浙江省的62.6%。常见的有华南兔、猕猴、野猪等。

黄麂　▲项晓东 摄

猕猴　▲项晓东 摄

了解更多的动物

搜索网站：www.bszgjgy.com

整理信息

用文字、照片、思维导图等形式来展示
百山祖国家公园的动物吧

介绍研究成果

交流评价表

评分标准	3分	2分	1分	评分
研究过程	过程清晰 真实科学 记录完整 图文并茂	过程较清晰 记录较完整真实	研究过程和记录不完整	
成果展示	呈现美观 条理清晰 图文并茂 容易读懂	成果较美观 条理较清晰 有图或文	成果不美观 条理不清晰	
人员分工	人员安排合理 分工明确	有人员安排 但分工不是很明确	无人员安排 或分工不明确	
交流表达	能清楚表达本组的研究过程和发现	基本能表达本组的研究过程和发现	不能完整表达本组的研究过程和发现	
研究改进	能对本组的研究提出改进建议（2点以上）	能对本组的研究提出改进建议（1～2点）	不能对本组的研究提出改进建议	
对别组研究提出疑问或意见		每提出1点得1分		
总　分				

第3课 调查百山祖国家公园的动物

百山祖国家公园因其独特的地理位置和自然条件，非常适合各种动物在这里繁衍生息。据历史资料记载，这里已发现昆虫1690种、鱼类45种、两栖类32种、爬行类49种、鸟类121种、哺乳类62种。动物种类极其丰富，让我们一起来调查百山祖国家公园的动物吧！

黑颏凤鹛（kē）

中华穿山甲　　大鲵

调查动物

关于百山祖国家公园里的动物，你想调查和研究什么问题呢？

我想调查公园里的蝴蝶种类。

我们一起来制订一份研究方案吧。

第一步：明确问题
第二步：制订方案
第三步：实地调查
第四步：成果展示

第一单元 动物篇 百山祖国家公园

》明确问题，制订方案

以下问题供参考，你还能提出其他问题吗？
1. 百山祖国家公园的动物有多少种？
2. 百山祖国家公园的昆虫有哪些呢？
3. 百山祖国家公园的动物栖息地是怎样分布的呢？
4. 百山祖国家公园的珍稀动物有哪些呢？
……

研究的问题	
小组成员	
要准备的材料	
研究方案	
注意事项	

温馨提示
用画图或者拍照的方式记录不知名的动物。
用识别软件来识别不知名的动物。
不要伤害动物。

记录调查过程和发现

时间 地点	调查记录 （文字、画图、照片等）	发现

交流调查过程和发现

交流评价表

评分标准	3分	2分	1分	评分
研究过程	过程清晰 真实科学 记录完整 图文并茂	过程较清晰 记录较完整真实	研究过程和记录 不完整	
成果展示	呈现美观 条理清晰 图文并茂 容易读懂	成果较美观 条理较清晰 有图或文	成果不美观 条理不清晰	
人员分工	人员安排合理 分工明确	有人员安排 但分工不是很明确	无人员安排 或分工不明确	
交流表达	能清楚表达本组的 研究过程和发现	基本能表达本组的 研究过程和发现	不能完整表达本组的 研究过程和发现	
研究改进	能对本组的研究 提出改进建议 （2点以上）	能对本组的研究 提出改进建议 （1～2点）	不能对本组的研究 提出改进建议	
对别组研究 提出疑问或意见	每提出1点得1分			
总　分				

研讨

1. 我们的调查哪些方面做得比较好呢？
2. 我们的调查还存在哪些不足之处，可以怎样改进呢？

第4课　制作昆虫标本

为了更好地观察和研究昆虫，科学家会将昆虫制作成标本。让我们也像科学家一样来制作一份昆虫标本吧。

制作昆虫标本的方法

主要有以下3种方法：针插法、浸泡法、水晶滴胶法。

1. 针插法

插针：根据昆虫标本大小不同，选定适合的昆虫针。针一般插在昆虫右胸，留有整支虫针约1/3。

展翅：用镊子将翅展开，使前翅的后缘和身体垂直。将翅调整至理想位置后，一手用压条纸压住翅膀，一手拿大头针插在压条纸四周，但不能插到翅膀。

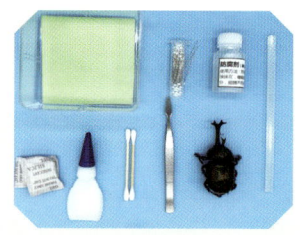
针插工具

整姿：整姿时，前足及触角向前，中后足向后，将身体各器官伸展开来。用镊子将各部位放到适当位置后，用大头针将肢体固定在整姿板上。

烘干：一般在50℃的定温箱中烘一星期左右。如果没有定温箱，也可以用日晒法或用烘衣机代替。千万不可以用微波炉、烤箱。

针插标本

保存：标本烘干后，即可放入标本盒中保存。标本盒需放置于通风干燥处保存。

2. 浸泡法

消毒：找一个干净透明、大小合适的带盖玻璃瓶，用80℃左右的热水反复冲洗2～3次。

浸泡：先在瓶内装入1/3瓶左右的酒精或者免水洗消毒凝胶。注意不要产生气泡。

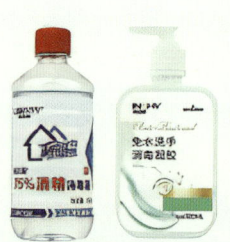
75%酒精免水洗消毒凝胶

整姿：用镊子将昆虫放入瓶中，调整到自然的姿态，尽可能将昆虫身姿展开。继续注满酒精或者免水洗消毒凝胶。

保存：盖紧盖子，贴上标签。置于阴凉处保存。

浸泡法

3. 水晶滴胶法

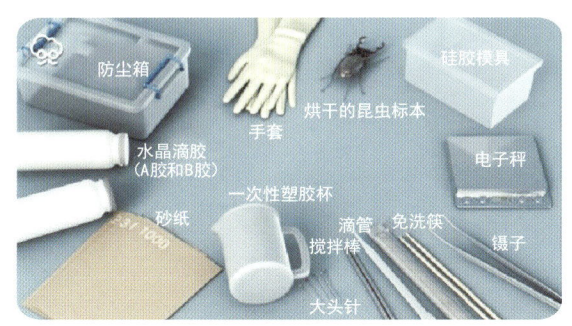

所需材料

水晶滴胶（A胶和B胶）、烘干的昆虫标本、电子秤、硅胶模具、砂纸、塑胶滴管、一次性塑胶杯、免洗筷、手套、大头针、镊子、搅拌棒、防尘箱。

调胶：将A胶和B胶按照3:1的比例混合，用搅拌棒慢慢搅拌均匀，直到完全透明。

静置：使用吹风机，用热风让气泡快速消失。

第一次注胶：把胶水倒入模具中，先倒入1/4左右，放入箱内等待硬化。

放标本：先注入少许胶水，将标本放入后，调整位置。再继续注入胶水至淹没昆虫的足部（可用针挑破气泡）。

第二次注胶：注入胶水至昆虫半身，放入箱内，等待半硬化。

第三次注胶：继续注入胶水至淹没昆虫全身，放入箱内等待硬化。

脱模：将滴胶标本从模具中脱出，用细砂纸小心打磨。

做一个昆虫标本

制作一张标签，展示并交流

昆虫标本名签

昆虫名：_____

采 集 人：_____

采集地点：_____

采集时间：_____

交流评价表

评分标准	3分	2分	1分	评分
美观度	作品美观整洁 标签正确清晰	作品较美观整洁 标签正确	作品不够美观整洁 标签错误	
人员分工	人员安排合理 分工明确	有人员安排 但分工不是很明确	无人员安排 或分工不明确	
交流表达	能清楚表达 制作过程	基本能清楚表达 制作过程	不能清楚表达 制作过程	
作品改进	能对本组的作品 提出改进建议 （2点以上）	能对本组的作品 提出改进建议 （1～2点）	不能对本组的作品 提出改进建议	
对别组作品 提出疑问或意见	每提出1点得1分			
总 分				

根据你的实践过程说一说你的收获吧！

百山祖国家公园探秘篇

学习评价记录表
第一单元 动物篇

课 题	任务要求	任务达成	学习要求	自评	互评	师评
第1课 走进百山祖国家公园	收集并整理信息	☆☆☆	按时完成	☆☆☆	☆☆☆	☆☆☆
		☆☆☆	书写工整	☆☆☆	☆☆☆	☆☆☆
第2课 走进动物王国	收集并整理信息	☆☆☆	积极思考	☆☆☆	☆☆☆	☆☆☆
		☆☆☆	实事求是	☆☆☆	☆☆☆	☆☆☆
第3课 调查百山祖国家公园的动物	完成一份调查报告	☆☆☆	认真记录	☆☆☆	☆☆☆	☆☆☆
		☆☆☆	合作分享	☆☆☆	☆☆☆	☆☆☆
第4课 制作昆虫标本	制作一个昆虫标本	☆☆☆	交流倾听	☆☆☆	☆☆☆	☆☆☆
		☆☆☆	追求创新	☆☆☆	☆☆☆	☆☆☆

科技之星统计表

本单元我获得的星星总数	
做得比较好的	
还需要加油的	

奖 状

_____同学：

由于你在本单元项目化学习中表现出色，荣获

科技之星

科技社团
年 月 日

▲叶松敏 摄

第二单元　自然篇

一方水土养育一方生灵，百山祖国家公园山清水秀，蕴育了许许多多的生命。这些生命的生存与这里的土壤、水域、气候有怎样的联系呢？百山祖国家公园的自然条件又有哪些与众不同的特点呢？

这个单元里，我们将对百山祖国家公园的土壤、水域、气候展开调查，还会像科学家一样开一场科学报告会，让我们行动起来吧！

第5课 调查百山祖国家公园的土壤

▲黄一彦 摄

百山祖国家公园的土壤资源非常丰富，主要的土壤种类有红壤土、黄壤土、山地草甸土和粗骨土，分布最广的是黄壤土。

红壤土

黄壤土

山地草甸土

粗骨土

调查百山祖国家公园的土壤

关于百山祖国家公园的土壤，你想调查和研究什么问题？

我想了解不同种类的土壤各有什么特点？

可以按以下步骤
第一步：明确问题
第二步：制订方案
第三步：实地调查
第四步：成果展示

明确问题，制订方案

以下问题供你参考，你还能提出其他问题吗？
1. 百山祖国家公园的土壤有什么特点？
2. 百山祖国家公园土质分布与海拔有什么关系？
3. 百山祖国家公园土质分布与植物分布有什么关系？
……

百山祖国家公园土壤调查方案

研究的问题	
小组成员	
要准备的材料	
研究方案	
注意事项	

比较土壤的渗水性

- 将土壤分别倒入漏斗，到达同一高度。
- 将等量的水分别缓慢地倒入漏斗中。
- 观察现象并记录。

渗水性实验记录表

	红壤土	黄壤土	山地草甸土	粗骨土
渗水量				
我的发现				

记录调查过程和发现

时间、地点	调查过程记录（文字、画图、照片等）	发现

温馨提示
1. 可以将调查的过程和结果制作成手抄报，用于成果展示。
2. 还可用文字、表格、画图、照片等多种形式呈现小组的研究结果。

交流调查过程和发现

交流评价表

评分标准	3分	2分	1分	评分
研究过程	过程清晰 真实科学 记录完整 图文并茂	过程较清晰 记录较完整真实	研究过程和记录不完整	
成果展示	呈现美观 条理清晰 图文并茂 容易读懂	成果较美观 条理较清晰 有图或文	成果不美观 条理不清晰	
人员分工	人员安排合理 分工明确	有人员安排 但分工不是很明确	无人员安排 或分工不明确	
交流表达	能清楚表达本组的研究过程和发现	基本能表达本组的研究过程和发现	不能完整表达本组的研究过程和发现	
研究改进	能对本组的研究提出改进建议（2点以上）	能对本组的研究提出改进建议（1~2点）	不能对本组的研究提出改进建议	
对别组研究提出疑问或意见	每提出1点得1分			
总　分				

研讨

1. 我们的调查哪些方面做得比较好？
2. 我们的调查还存在哪些不足之处，可以怎样改进呢？

第6课 调查百山祖国家公园的水域

百山祖国家公园水资源极为丰富，年平均水资源总量为2.06亿立方米。其中地表水资源量1.76亿立方米，地下水资源量0.30亿立方米。由于森林覆盖率高，涵养水源丰富，沟壑纵横，地表水系非常发达。

▲张路明 摄

▲张路明 摄

调查百山祖国家公园的水域

- 关于百山祖国家公园的水域，你想调查和研究什么问题？
- 我想了解百山祖国家公园的水域分布情况。
- 可以按以下步骤
  第一步：明确问题
  第二步：制订方案
  第三步：实地调查
  第四步：成果展示

明确问题，制订方案

以下问题供参考，你还能提出其他问题吗？
1. 百山祖国家公园的水域是怎样分布的？
2. 百山祖国家公园的水温与海拔有什么关系？
3. 百山祖国家公园的不同水域水质有什么不同？
……

我们先来制订调查方案吧!

百山祖国家公园水域调查方案

研究的问题	
小组成员	
要准备的材料	
研究方案	
注意事项	

取水样

- 用长长的竹竿、绳子、塑料瓶制作一个取水工具。
- 取样时尽可能取流动处的水。
- 注意在大人陪同下进行,不到深水区取样。

水中杂质检测方法

- 观察法:用肉眼和显微镜观察水中是否有杂质。
- 沉淀法:将水样静置一段时间,看看有没有杂质沉淀下来。
- 过滤法:制作一个过滤器对水样进行过滤。
- 可将水样送有关部门进行专业检测。

沉淀法

过滤法

记录调查过程和发现

时间、地点	调查过程记录（文字、画图、照片等）	发现

温馨提示
1. 可以将调查的过程和结果制作成手抄报，用于成果展示。
2. 可用文字、表格、画图、照片等多种形式呈现小组的研究结果。

交流调查过程和发现

开一个成果交流会吧!

可以结合我们的调查过程记录表。

还可以用上我们拍摄的照片哦!

可以用交流评分表进行评价。

交流评价表

评分标准	3分	2分	1分	评分
研究过程	过程清晰 真实科学 记录完整 图文并茂	过程较清晰 记录较完整真实	研究过程和记录不完整	
成果展示	呈现美观 条理清晰 图文并茂 容易读懂	成果较美观 条理较清晰 有图或文	成果不美观 条理不清晰	
人员分工	人员安排合理 分工明确	有人员安排 但分工不是很明确	无人员安排 或分工不明确	
交流表达	能清楚表达本组的研究过程和发现	基本能表达本组的研究过程和发现	不能完整表达本组的研究过程和发现	
研究改进	能对本组的研究提出改进建议 （2点以上）	能对本组的研究提出改进建议 （1~2点）	不能对本组的研究提出改进建议	
对别组研究提出疑问或意见	每提出1点得1分			
总　分				

研讨
1. 我们的调查哪些方面做得比较好?
2. 我们的调查还存在哪些不足之处,可以怎样改进呢?

百山祖国家公园探秘篇

第7课　调查百山祖国家公园的气候

百山祖国家公园位于中亚热带温暖湿润气候区。气候特征为：四季分明，温暖湿润，雨量充沛，冬长夏短，各地域差异明显，气候资源非常丰富。

让我们一起来调查百山祖国家公园的气候特点吧！

春	夏	秋	冬

▲程巩胜 摄	▲潘劲草 摄	▲夏伟义 摄	▲殷翔耿 摄

调查百山祖国家公园的气候

关于百山祖国家公园的气候，你想调查和研究什么问题？

我想了解百山祖国家公园四季气温的变化。

可以按以下步骤
第一步：明确问题
第二步：制订方案
第三步：实地调查
第四步：成果展示

明确问题，制订方案

以下问题供参考，你还能提出其他问题吗？

1. 百山祖国家公园四季气温是怎么变化的？
2. 百山祖国家公园气温与海拔有什么关系？
3. 百山祖国家公园四季降水量情况怎样？
……

百山祖国家公园气候调查方案

研究的问题	
小组成员	
要准备的材料	
研究方案	
注意事项	

可以利用以下工具。

气温计　　　　　　　　雨量器　　　　　　　风向标和风速仪

小资料

▶用气温计测量气温，读数时视线和液柱相平。

▶用雨量器测量降水量，降水量是指24小时内降水的总量，单位是毫米。

▶用风向标和风速仪测量风向与风速。

▶我们还可以去气象局获取需要的天气数据。

记录调查过程和发现

时间、地点	调查过程记录（文字、画图、照片等）	发现

温馨提示
1. 可以将调查的过程和结果制作成手抄报，用于成果展示。
2. 可用文字、表格、画图、照片等多种形式呈现小组的研究结果。

交流调查过程和发现

交流评价表

评分标准	3分	2分	1分	评分
研究过程	过程清晰 真实科学 记录完整 图文并茂	过程较清晰 记录较完整真实	研究过程和记录不完整	
成果展示	呈现美观 条理清晰 图文并茂 容易读懂	成果较美观 条理较清晰 有图或文	成果不美观 条理不清晰	
人员分工	人员安排合理 分工明确	有人员安排 但分工不是很明确	无人员安排 或分工不明确	
交流表达	能清楚表达本组的研究过程和发现	基本能表达本组的研究过程和发现	不能完整表达本组的研究过程和发现	
研究改进	能对本组的研究提出改进建议 （2点以上）	能对本组的研究提出改进建议 （1～2点）	不能对本组的研究提出改进建议	
对别组研究提出疑问或意见	每提出1点得1分			
总 分				

研讨

1. 我们的调查哪些方面做得比较好？
2. 我们的调查还存在哪些不足之处，可以怎样改进呢？

第8课 我们的自然调查展

我们已经调查了百山祖国家公园的土壤、水域、气候等，整理我们的调查报告，举办一场自然调查展，向同学们介绍我们的调查成果吧！

整理照片

土壤照片

草甸土

> 可以给自己收集的照片进行标注哦。

水域照片

瓯江源

▲张路明 摄

瀑布

▲郑本成 摄

湖泊

▲蔡锋 摄

河流

▲叶松敏 摄

四季照片

春季
▲程巩胜 摄

夏季
▲潘劲草 摄

秋季
▲夏伟义 摄

冬季
▲殷翔耿 摄

雾
▲张路明 摄

晴
▲曾伟光 摄

整理调查报告

怎么整理我们的调查报告呢?

可以用思维导图来整理。

结合照片来整理更直观。

图文结合更能引人注目。

我们的调查报告

举办调查展

 优秀的调查成果还可送往更多地方展示，如百山祖国家公园宣传处等。

拓展

了解科学家对百山祖国家公园的调查成果。

学习评价记录表
第二单元　自然篇

课题	任务要求	任务达成	学习要求	自评	互评	师评
第5课 调查百山祖国家公园的土壤	完成一份调查报告	☆☆☆ ☆☆☆	按时完成	☆☆☆	☆☆☆	☆☆☆
			书写工整	☆☆☆	☆☆☆	☆☆☆
第6课 调查百山祖国家公园的水域	完成一份调查报告	☆☆☆ ☆☆☆	积极思考	☆☆☆	☆☆☆	☆☆☆
			实事求是	☆☆☆	☆☆☆	☆☆☆
第7课 调查百山祖国家公园的气候	完成一份调查报告	☆☆☆ ☆☆☆	认真记录	☆☆☆	☆☆☆	☆☆☆
			合作分享	☆☆☆	☆☆☆	☆☆☆
第8课 我们的自然调查展	参加一场报告会	☆☆☆ ☆☆☆	交流倾听	☆☆☆	☆☆☆	☆☆☆
			追求创新	☆☆☆	☆☆☆	☆☆☆

科技之星统计表

本单元我获得的星星总数	
做得比较好的	
还需要加油的	

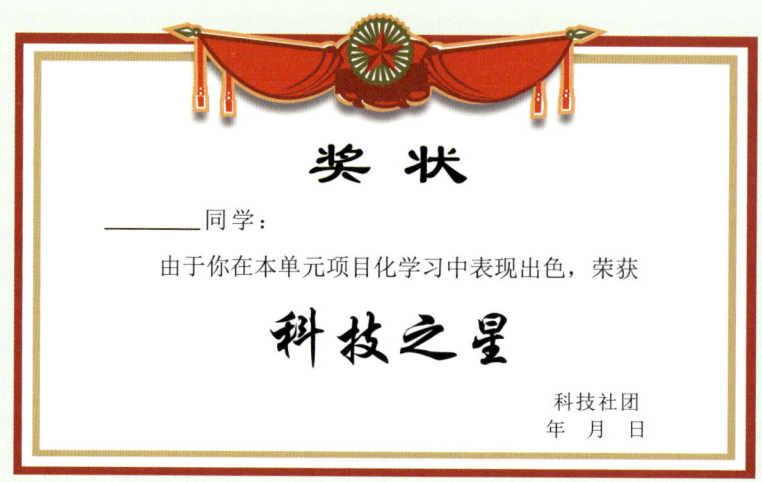

奖　状

_____同学：
　　由于你在本单元项目化学习中表现出色，荣获

科技之星

科技社团
年　月　日

▲ 陈祖培 摄

第三单元　植物篇

百山祖冷杉是百山祖国家公园特有的古老孑遗松科植物，国家一级重点保护野生植物，也是世界最濒危的12种植物之一，被称为"植物界的大熊猫"。

百山祖国家公园里还有多少种植物呢？百山祖国家公园里的植物又有哪些未知的奥秘呢？

本单元我们将对百山祖国家公园的植物展开调查，制作一份植物标本。此外，还要充分发挥想象力和创造力，创作一份树叶贴画。你准备好了吗？

第9课 走进植物王国

同学们,百山祖国家公园有着丰富的植物资源。这里有哪些植物呢?这里有多少种植物呢?让我们一起走进百山祖国家公园的植物世界吧!

阅读资料

据不完全统计,这里有已知的种子植物2005种,蕨(jué)类植物236种,苔藓植物327种,大型森林真菌632种。

苔藓类植物: 百山祖国家公园共记录苔藓类植物327种,有大羽藓、细鳞苔、白发藓等。

大羽藓

细鳞苔

蕨类植物: 百山祖国家公园共记录蕨类植物236种,有鳞毛蕨科、金星蕨科、铁角蕨科等。

鳞毛蕨

铁角蕨

裸子植物: 百山祖国家公园共记录裸子植物22种,有松树、银杏、榧树等。

松树

榧树

第三单元 植物篇
百山祖国家公园

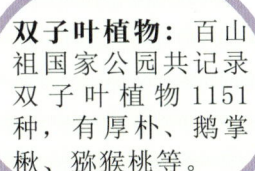

双子叶植物： 百山祖国家公园共记录双子叶植物1151种，有厚朴、鹅掌楸、猕猴桃等。

厚朴

鹅掌楸

单子叶植物： 百山祖国家公园共记录单子叶植物291种，有春兰、竹子、山药等。

春兰

竹子

》了解更多植物

- 百山祖国家公园有多少种植物呢？
- 可以上网搜索。
- 可以参观百山祖国家公园展厅。
- 可以访问百山祖国家公园工作人员。

搜索网站　www.bszgjgy.com

整理信息

用文字、照片、思维导图等形式来展示百山祖国家公园的植物世界吧

介绍研究成果

交流评价表

评分标准	3分	2分	1分	评分
研究过程	过程清晰 真实科学 记录完整 图文并茂	过程较清晰 记录较完整真实	研究过程和记录 不完整	
成果展示	呈现美观 条理清晰 图文并茂 容易读懂	成果较美观 条理较清晰 有图或文	成果不美观 条理不清晰	
人员分工	人员安排合理 分工明确	有人员安排 但分工不是很明确	无人员安排 或分工不明确	
交流表达	能清楚表达本组的 研究过程和发现	基本能表达本组的 研究过程和发现	不能完整表达本组的 研究过程和发现	
研究改进	能对本组的研究 提出改进建议 （2点以上）	能对本组的研究 提出改进建议 （1～2点）	不能对本组的研究 提出改进建议	
对别组研究 提出疑问或意见	每提出1点得1分			
总　分				

研讨

1. 我们的调查哪些方面做得比较好？
2. 我们的调查还存在哪些不足之处，可以怎样改进呢？

第10课　调查百山祖国家公园的植物

▲胡友龙 摄

百山祖国家公园植物资源丰富,有百山祖冷杉、南方红豆杉、钟萼木等国家重点保护野生植物34种。让我们去探秘百山祖国家公园的植物世界吧!

》明确问题,制订方案

对于百山祖国家公园的植物,你想调查和研究什么问题?

我想调查公园里哪个区域植物最密集?

可以按以下步骤
第一步:明确问题
第二步:制订方案
第三步:实地调查
第四步:成果展示

以下问题供参考，你还能提出其他问题吗？

1. 百山祖国家公园的植物叶子形状有哪些呢？
2. 百山祖国家公园的植物叶子与海拔有什么关系？
3. 百山祖国家公园有哪些药用植物？
4. 百山祖国家公园有哪些珍稀植物？

……

百山祖国家公园植物调查方案

研究的问题	
小组成员	
要准备的材料	
研究方案	
注意事项	

记录调查过程和发现

百山祖国家公园植物调查记录表

时间、地点	调查记录（文字、画图、照片等）	发现

交流调查过程和发现

交流评价表

评分标准	3分	2分	1分	评分
研究过程	过程清晰 真实科学 记录完整 图文并茂	过程较清晰 记录较完整真实	研究过程和记录 不完整	
成果展示	呈现美观 条理清晰 图文并茂 容易读懂	成果较美观 条理较清晰 有图或文	成果不美观 条理不清晰	
人员分工	人员安排合理 分工明确	有人员安排 但分工不是很明确	无人员安排 或分工不明确	
交流表达	能清楚表达本组的 研究过程和发现	基本能表达本组 研究过程和发现	不能完整表达本组的 研究过程和发现	
研究改进	能对本组的研究提 出改进建议 （2点以上）	能对本组的研究 提出改进建议 （1～2点）	不能对本组的研究 提出改进建议	
对别组研究 提出疑问或意见	每提出1点得1分			
总　分				

研讨
1. 我们的调查哪些方面做得比较好？
2. 我们的调查还存在哪些不足之处，可以怎样改进呢？

第 11 课　制作植物标本

为了更好地观察和研究植物，科学家会取植物的一部分组织制作成植物标本。让我们也像科学家一样来制作一份植物标本吧！

干制法

水晶滴胶法

浸制法

制作方法

（一）干制法

干制是指将植物进行脱水后制作成标本，适合含水量较少、易干燥、干燥后不易变形的植物。

制作步骤

1. 寻找一株完整的植物或有代表性的部分植物组织，洗干净。
2. 将植物摊开在白纸上，再在上方盖一张白纸，然后上面铺几层吸水纸，用木夹压紧绑好。
3. 将标本放在阴凉通风处晾干。
4. 将干燥的标本贴在台纸上，并贴上标签。

采集植物

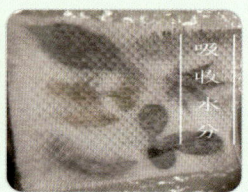

吸收水分

挤压、吹干

植物标本
名称_____
采集者_____采集时间_____
采集地点_____
指导教师_____

贴标签

（二）浸制法

浸制是指将植物浸泡在化学溶液中制成标本，适用于柔软多汁，不易干燥或干燥后易变形的植物。

制作步骤

1. 寻找一株完整的植物或有代表性的部分植物组织，洗干净。
2. 洗净后浸在5%的硫酸铜溶液中，直到植物由绿色变为黄色，再由黄色变为绿色为止。
3. 取出植物洗净，然后浸到5%的福尔马林溶液中保存。
4. 在瓶子上贴上标签。

（三）水晶滴胶法

水晶滴胶是由高纯度环氧树脂、固化剂及其他物质组成。用水晶滴胶封存的植物标本表面光滑呈水晶状，持久美观。

制作步骤

1. 用干燥剂将植物干燥。
2. 水晶滴胶的A液、B液按体积比3∶1混合。往一个方向缓慢搅拌均匀，避免出现气泡，直到比较清澈为止。
3. 分两次注入滴胶，第一次先灌一半，然后把植物放进去，等胶半硬化的时候再注入滴胶，直至注满整个模具。
4. 等滴胶凝固、脱模，再用砂纸打磨。

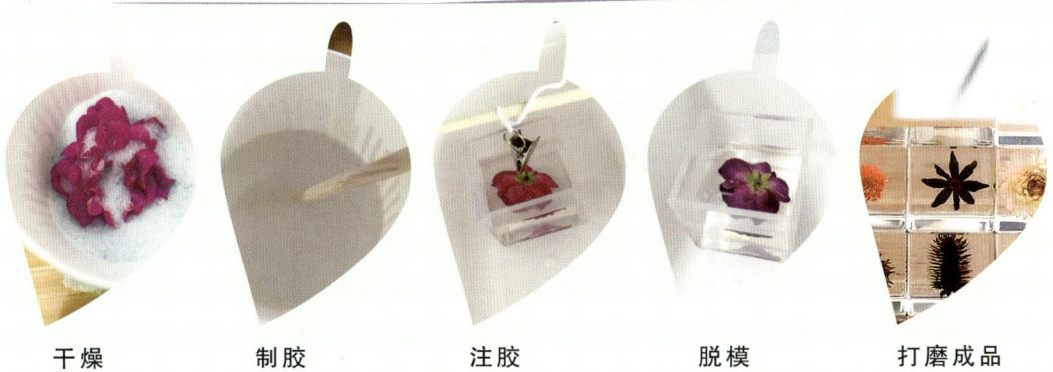

干燥　　　　制胶　　　　注胶　　　　脱模　　　　打磨成品

动手制作

展示与交流

交流评价表

评分标准	3分	2分	1分	评分
美观程度	作品美观整洁 标签正确清晰	作品较美观整洁 标签正确	作品不够美观整洁 标签错误	
人员分工	人员安排合理 分工明确	有人员安排 但分工不是很明确	无人员安排 或分工不明确	
交流表达	能清楚表达 本组的制作过程 问题和解决方法	基本能清楚表达 本组的制作过程 问题和解决方法	不能清楚表达 本组的制作过程 问题和解决方法	
作品改进	能对本组的作品 提出改进建议 （2点以上）	能对本组的作品 提出改进建议 （1～2点）	不能对本组的作品 提出改进建议	
对别组作品 提出疑问或意见	每提出1点得1分			
总 分				

根据你的实践过程说一说你的收获吧！

第12课　创作树叶贴画

>> 说一说

秋天，树叶纷纷凋落，这是大自然送给我们的礼物。走进大自然，可以采集到很多落叶，下面让我们仔细观察落叶的形态特征吧。

>> 做一做

树叶五颜六色、形态各异，有的像巴掌，有的像桃心，还有的像金鱼的尾巴……你可以把它们拼贴成画吗？让我们一起来试试看吧！

1. 设计

你想做一份怎样的树叶贴画呢？和小组成员一起来设计吧！

树叶贴画设计图

2. 制作

画好设计图后，一起动手制作树叶贴画吧！

材料：剪刀、双面胶、白纸、各种树叶。

3. 展示与交流

作品名称	
小组成员	
设计的想法	

先设计一个作品标签吧。

对我们的作品，你们有什么建议吗？

4. 评价

交流评价表

评分标准	3分	2分	1分	评分
美观程度	作品美观整洁 标签正确清晰	作品较美观整洁 标签正确	作品不够美观整洁 标签错误	
人员分工	人员安排合理 分工明确	有人员安排 但分工不是很明确	无人员安排 或分工不明确	
交流表达	能清楚表达 本组的制作过程 问题和解决方法	基本能清楚表达 本组的制作过程 问题和解决方法	不能清楚表达 本组的制作过程 问题和解决方法	
作品改进	能对本组的作品 提出改进建议 （2点以上）	能对本组的作品 提出改进建议 （1～2点）	不能对本组的作品 提出改进建议	
对别组作品 提出疑问或意见	每提出1点得1分			
总 分				

研讨

1. 制作过程遇到了哪些困难？你是如何解决的？

2. 以下几幅贴画用到了哪些树叶呢？为什么要选用这些树叶？

学习评价记录表
第三单元　植物篇

课题	任务要求	任务达成	学习要求	自评	互评	师评
第9课 走进植物王国	收集并整理信息	☆☆☆ ☆☆☆	按时完成 书写工整	☆☆☆ ☆☆☆	☆☆☆ ☆☆☆	☆☆☆ ☆☆☆
第10课 调查百山祖国家公园的植物	完成一份调查报告	☆☆☆ ☆☆☆	积极思考 实事求是	☆☆☆ ☆☆☆	☆☆☆ ☆☆☆	☆☆☆ ☆☆☆
第11课 制作植物标本	完成一份植物标本	☆☆☆ ☆☆☆	认真记录 合作分享	☆☆☆ ☆☆☆	☆☆☆ ☆☆☆	☆☆☆ ☆☆☆
第12课 创作树叶贴画	完成一份树叶贴画作品	☆☆☆ ☆☆☆	交流倾听 追求创新	☆☆☆ ☆☆☆	☆☆☆ ☆☆☆	☆☆☆ ☆☆☆

科技之星统计表

本单元我获得的星星总数	
做得比较好的	
还需要加油的	

奖　状

　　　　　同学：
　　由于你在本单元项目化学习中表现出色，荣获

科技之星

科技社团
年　月　日

第四单元　保护篇

在百山祖国家公园里，曾经有一种动物叫云豹，现在几乎找不到了，它已被列入《世界自然保护联盟濒危物种红色名录》。

百山祖国家公园里还有多少珍稀濒危物种呢？为了更好地保护它们，人类又做了哪些努力呢？

在这个单元里，我们会对百山祖国家公园的珍稀濒危物种和生物多样性保护情况展开调查，制作宣传海报，再用自身的行动号召大家都来关注家乡的珍稀濒危物种，保护百山祖国家公园的生态环境。

第13课　举办作品展

在前面的课程里，我们制作了昆虫标本、植物标本、树叶贴画等作品，这节课我们来举办一场作品展，让更多的人来感受自然之美吧！

>> 小组讨论

展柜

展示架

如何举办一场作品展呢？

该如何介绍我们的作品呢？

可以介绍制作方案。

可以用展板或展柜来展示。

开始写介绍词吧。

第四单元 保护篇

设计介绍词

可以把我们的设计想法、制作过程等写下来。

作品介绍

我们的作品名称是

参观与评价

给你喜欢的作品成果贴上星星。

植物标本作品展

滴胶标本作品 1

滴胶标本作品 2

浸制标本作品

干制标本作品

快看,这些作品真美啊!

植物贴画作品展

乌鸦喝水

水底世界

狐狸和葡萄

猴子捞月

小蝌蚪找妈妈

昆虫标本作品展

滴胶蝴蝶标本

针插蝴蝶标本

浸泡昆虫标本

可以将优秀的作品送往更多地方做成果展,如百山祖国家公园宣传处。

第14课　百山祖国家公园的珍稀物种

百山祖国家公园是浙江省珍稀濒危物种的重要分布区之一，分布着许多珍稀濒危动植物。让我们一起来认识一些珍稀的动植物吧！

>> 阅读资料

珍稀植物

据统计，百山祖国家公园里有58种珍稀濒危植物，如百山祖冷杉、红豆杉、钟萼木、天麻、银钟花、细茎石斛等。

百山祖冷杉　百山祖国家公园特有的古老孑遗松科植物，国家一级重点保护野生植物。百山祖冷杉也是世界最濒危的12种植物之一，被称为"植物界的大熊猫"，已被列入《世界自然保护联盟濒危物种红色名录》。

▲陈祖培　摄

▲莫小芬　摄

红豆杉　属于红豆杉科的常绿乔木植物。野生数量十分稀少，已列为国家一级重点保护野生植物。

第四单元 保护篇

钟萼木（伯乐树） 属于钟萼木科的落叶乔木植物。它是中国特有的、古老的单种科植物，已被列为国家一级重点保护野生植物。
（è）

天麻 属于兰科的多年生腐生草本植物，是一味名贵的中药材，有很高的药用价值。由于长期过度开采，加上天麻自然繁殖困难，对生长环境的要求非常严格等原因，野生天麻已十分稀少。

银钟花 属于安息香科的落叶乔木植物，中国特有的、古老的孑遗植物。花有清香，状似银钟，果形奇特，秋叶变红，具有很高的观赏价值和研究价值。

细茎石斛 属于兰科多年生附生草本植物，具有很高的学术研究价值。同时也是一味传统珍贵的药用植物。由于长期过度采挖，再加上其对生长环境要求严格，野生细茎石斛几乎已经枯竭。
（hú）

61

珍稀动物

据不完全统计,百山祖国家公园有国家重点保护动物48种,其中昆虫1种、两栖类1种、鸟类19种、哺乳类15种,如黄腹角雉、虎、云豹、豹和黑麂等。

黄腹角雉 又名角鸡,属于留鸟。被列入《世界自然保护联盟濒危物种红色名录》濒危物种。雄鸟脸部裸皮朱红色,有翠蓝色及朱红色组成的艳丽肉裙及翠蓝色肉角,在发情时向雌鸟展示。

穿山甲 是鳞甲目穿山甲科的一个属,共有4个物种,地栖性哺乳动物。穿山甲多生活在亚热带的落叶森林,昼伏夜出,遇敌时则蜷缩成球状。穿山甲野外数量稀少。

大鲵 俗称"娃娃鱼",是生活在淡水中的两栖动物,一般在水流湍急、水质清凉、水草茂盛的石缝和岩洞多的山间溪流、河流湖泊之中,是中国特有的珍贵野生动物。

藏酋猴 又名短尾猴,是中国猕猴属中最大的一种。常活动于深山阔叶林、针阔叶混交林或稀树多岩的地方。

黑麂 又名蓬头麂、红头麂,是一种体型较大的麂属动物。已被列入《世界自然保护联盟濒危物种红色名录》易危物种,是我国特有种类,主要栖息于丘陵山地密林中,以木本植物的叶及嫩枝为食,也吃大豆、红薯(叶)、玉米等农作物。

白鹇 分布于海拔400米以上的山林地带,多栖于常绿阔叶林和常绿阔叶、针叶混交林,但也活动于针叶林等生境内。

整理并交流

用文字、图片、思维导图等形式来整理百山祖国家公园的珍稀物种吧

我们组整理的是珍稀动物，它们有……

还可以扫码了解更多的物种信息。

选择一种珍稀物种画一画

百山祖国家公园探秘篇

第15课　调查百山祖国家公园的保护现状

为什么要成立百山祖国家公园呢？百山祖国家公园到底在保护什么呢？一代一代的人们又采取了哪些保护措施呢？

▶▶ 读一读

百山祖国家公园具有典型的中亚热带常绿阔叶林生态系统，植被保存完整，自然环境优越，是我国东部经济发达地区少有的近自然生态系统。国家公园内生物多样性丰富，珍稀濒危物种集聚度高，是华东地区重要的基因宝库。

▶▶ 调查百山祖国家公园保护现状

- 关于百山祖国家公园的保护现状，我们怎么进行调查呢？
- 可以通过查阅资料来了解百山祖国家公园保护现状。
- 咨询百山祖国家公园管理处的工作人员。
- 上网查阅会比较方便！

讨论

仔细观察下列图片,说一说人们是怎样保护百山祖国家公园的?

放生珍稀动物

保护珍稀植物

宣传进校园

宣传森林防火

>> 思考

百山祖国家公园的保护内容和具体保护措施有哪些？把你的调查结果记录下来吧！

百山祖国家公园的保护内容：

百山祖国家公园的保护措施：

>> 交流调查结果

百山祖国家公园保护内容：自然环境、森林生态、生态多样性等。

保护措施：分区保护、制定法规、护林防火……

实践

保护百山祖国家公园的自然生态系统有利于保障区域生态安全，实现人与自然和谐共生。我们还能为保护百山祖国家公园做些什么呢？把你的想法写出来吧！

1.
2.
3.
……

拓展

请你以保护百山祖国家公园为主题，设计一句宣传标语，呼吁更多的人参与到保护自然生态系统的活动中来。

第16课　我们的海报展

>> **阅读**

国家公园是指由国家批准设立并主导管理，边界清晰，以保护具有国家代表性的大面积自然生态系统为主要目的，实现自然资源科学保护和合理利用的特定陆地或海洋区域。国家公园就是一个巨大的生态系统，在保护生物多样性、维护生态平衡等方面起着重要作用。换句话说，如果不好好地保护，生态系统就可能失去平衡，国家公园里的生物就面临危险。

>> **思考**

以下图片中的哪些行为会导致生物多样性减少，请在框内画"×"，说一说这些行为有什么危害？

实践

生物多样性是人类生存与发展的基础，每种生物都与人类生活息息相关。请你用气泡图的形式整理人类与其他生物之间的关系。

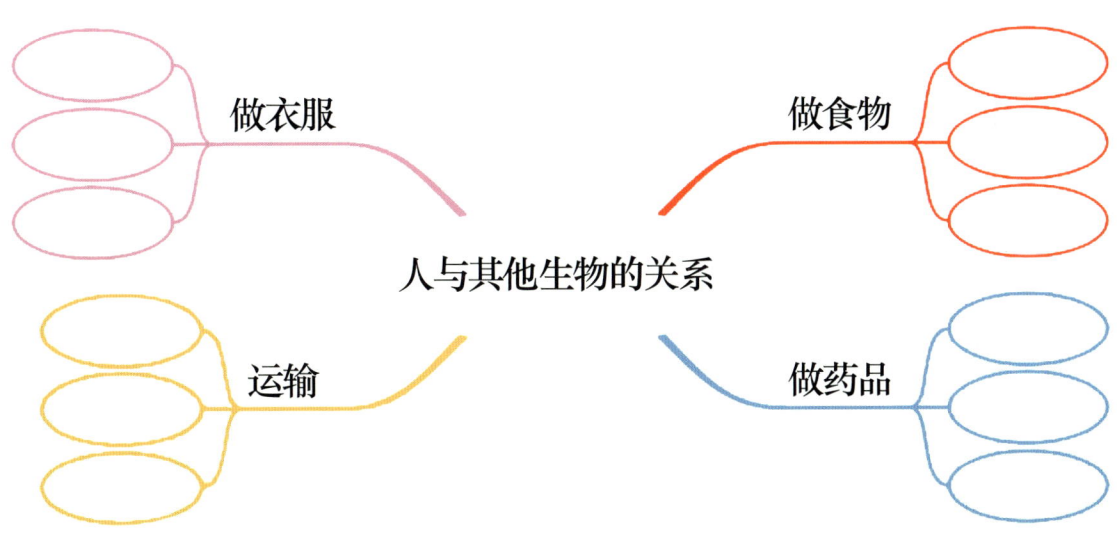

交流并记录

生物多样性减少会带来哪些严重的后果呢？

读一读

生物多样性指的是地球上生物圈中所有的生物，即动物、植物、微生物，以及它们所拥有的基因和生存环境。生物多样性，它包含了3个层次：物种多样性、遗传多样性和生态系统多样性。可以说一个地区生物多样性越丰富，该地区生态系统就越稳定。

《生物多样性公约》于1993年正式开始实行，每年的5月22日被称为国际生物多样性日，中国是地球上生物多样性最丰富的12个国家之一。全世界已经有180多个国家是《生物多样性公约》的缔约国。中国也是《生物多样性公约》的缔约国之一。

交流

说说为什么各国都如此重视保护生物多样性。

制作海报

请你制作一张"保护生物多样性"宣传海报。呼吁更多的人关注百山祖国家公园，一起来保护每一个物种，保护我们美好的大自然。

用实际行动向周围的同学介绍并宣传保护百山祖国家公园的生物多样性。

交流并记录

人与自然应和谐共生，我们还能为保护我们的家乡——百山祖国家公园做些什么呢？把你的想法写下来并与人分享。

1.
2.
3.
4.
5.
……

学习评价记录表
第四单元 保护篇

课题	任务要求	任务达成	学习要求	自评	互评	师评
第13课 举办作品展	完成一场作品展	☆☆☆	积极思考	☆☆☆	☆☆☆	☆☆☆
		☆☆☆	实事求是	☆☆☆	☆☆☆	☆☆☆
第14课 百山祖国家公园的珍稀物种	收集并整理信息	☆☆☆	认真记录	☆☆☆	☆☆☆	☆☆☆
		☆☆☆	合作分享	☆☆☆	☆☆☆	☆☆☆
第15课 调查百山祖国家公园的保护现状	完成一份调查报告	☆☆☆	交流倾听	☆☆☆	☆☆☆	☆☆☆
		☆☆☆	追求创新	☆☆☆	☆☆☆	☆☆☆
第16课 我们的海报展	完成一张海报并宣传	☆☆☆	按时完成	☆☆☆	☆☆☆	☆☆☆
		☆☆☆	书写工整	☆☆☆	☆☆☆	☆☆☆

科技之星统计表

本单元我获得的星星总数	
做得比较好的	
还需要加油的	

奖 状

_____同学：

由于你在本单元项目化学习中表现出色，荣获

科技之星

科技社团
年 月 日